自动武器实验教程

曹岩枫　赫　雷 ◎ 编著

AUTOMATIC WEAPON EXPERIMENT TUTORIALS

内容简介

本教材重点介绍自动武器实验技术的基本原理和常见实验。全书共分为5章，即绪论、实验基础知识、自动武器动态参量测试实验、自动武器创伤弹道模拟实验、自动武器人机工效实验。每个实验都按实验目的、实验内容、实验原理及方法、实验设备、实验步骤、思考题、实验报告要求等进行编排，并针对每项实验给出了一组实验数据记录及分析的示例。

本教材遵循“科教融合”的理念，力求体现先进性和基础性统一，以高水平的科学研究支持高质量的教学，将教师高水平的科学研究成果转化为教学内容。本教材是自动武器专业方向本科生必修课程及兵器类研究生选修课程的配套教材，也可供从事自动武器研究、实验、使用等相关工作人员参考。

图书在版编目(CIP)数据

自动武器实验教程 / 曹岩枫，赫雷编著. --北京：北京理工大学出版社，2023.12
ISBN 978-7-5763-3324-4

Ⅰ.①自… Ⅱ.①曹… ②赫… Ⅲ.①自动武器-实验-高等学校-教材 Ⅳ.①TJ-33

中国国家版本馆 CIP 数据核字(2024)第 020504 号

责任编辑：封　雪　　**文案编辑**：封　雪
责任校对：周瑞红　　**责任印制**：李志强

出版发行 / 北京理工大学出版社有限责任公司
社　　址 / 北京市丰台区四合庄路6号
邮　　编 / 100070
电　　话 / (010) 68944439 (学术售后服务热线)
网　　址 / http://www.bitpress.com.cn

版 印 次 / 2023年12月第1版第1次印刷
印　　刷 / 三河市华骏印务包装有限公司
开　　本 / 710 mm×1000 mm　1/16
印　　张 / 9.25
字　　数 / 132千字
定　　价 / 39.00元

图书出现印装质量问题，请拨打售后服务热线，负责调换

前言

PREFACE

自动武器实验是自动武器专业课程体系中重要的组成部分，是对自动武器专业学生进行科学实验训练的专业必修课程。通过自动武器实验课程的学习，学生可在掌握自动武器实验基本知识、基本理论和基本操作的基础上，具备一定的科学实验能力和创新能力。

自动武器实验课程是一门实践性和工程性很强的课程。近年来，随着科学研究方法日趋先进，各种新的实验技术被引入自动武器设计过程中，除了要考虑传统的自动武器动态参量对性能的影响外，越来越多的因素被考虑进来，例如将考虑人枪相互作用的人枪系统动力学用于武器动态设计，将考虑枪弹终点效应的创伤弹道模拟用于枪弹和弹道设计。新一代自动武器的研制及对综合性能的实验验证，使自动武器的实验方法也得到了很大程度的发展。因此有必要将这些新的自动武器实验方法和手段进行归纳和总结，将自动武器实验技术的发展前沿引入课程当中。

全书共5章。第1章论述了自动武器实验技术的地位和作用，以及自动武器实验课程的基本程序、操作规则以及实验报告撰写的要求。第2章论述了实验中的基本测量方法，实验数据的记录、处理及分析的基本方法等实验的基础知识。第3章安排了常规自动武器动态参量测试的9个实验。第4章面向自动武器终点效应，安排了4个典型的自动武器创伤弹道模拟实验。第5章面向自动武器人枪相互作用，安排了4项典型的自动武器人机工效实验。这些实验都与理论课程紧密配合，也紧跟自动武器技术发展的前沿，每个实验都明确了实验目的和内容，详细介绍了相关理论基础知识、实验平台、实验系统构建方法、实验步骤等，并在每项实验后给出了相应的实验数据记录与分析实例。

本教材由曹岩枫、赫雷编写，曹岩枫编写第1、2、4、5章及第3章的3.2、3.7和3.9节，赫雷编写第3章的3.1、3.3~3.6和3.8节。本教材的编写，还要感谢王亚平、温垚珂等同志提供的部分研究成果和实例。

在本教材编写过程中，还参考了许多有关的教材、专著、标准、期刊、学位论文，在此对有关作者一并表示感谢。

由于编者的水平有限，书中疏漏之处在所难免，恳请读者批评指正。

编著者

目录
CONTENTS

第1章
绪　　论

1.1　自动武器实验的作用和任务

1.1.1　自动武器实验技术的地位与作用

自动武器是利用高温（3 000 ℃左右）、高压（300 MPa左右）的火药气体发射弹丸杀伤敌人，并推动各机构完成一系列自动动作的。自动武器的射击频率一般在600发/min左右，武器的许多主要机构必须在千分之几秒内，甚至在万分之几秒内完成动作。并且，在机构的动作过程中，常连续不断地发生撞击。因此，自动武器实质上是一种高温、高压、高速运动并伴随有撞击的特种热机，它的运动状态是极其复杂的。同时，不论是人手持的自动武器，还是平台搭载的自动武器，分析其运动时还需要考虑武器与人或平台间的相互作用。一方面，对于这样一种工作对象，企图用纯理论的方法，就是从力学和热力学的基本定律和定理出发，通过严格的推导，对它的运动过程和工作性能做全面准确的描述和预测，那几乎是不可能的。所以，在自动武器设计理论中，包括了许多经验系数和经验公式。其中大部分是通过大量实验测试总结出来的，如外弹道学中的空气阻力定律、内弹道中的火药燃烧速度定律、表征火药气体后效作用的后效系数、表示导气式武器气室压力变化的经验公式等，都是从实验基础上总结出来的，构成自动武器设计理论的基础。另一方面，因为自动武器的运动状态十分复杂，所以，虽然自动武器已经有百余年的发展历史，但是它的设计理论还是很不完善的，还有许多没有探索过，而探索这些奥秘的钥匙就是科学实验，寻找它们的规律的正确途径是理论和实践的紧密结合。

和一般工作条件比较稳定的民用机械不同，自动武器必须适应多变的工作环境。不论是北方滴水成冰的严冬，还是南方炎热潮湿的盛夏；不论是在倾盆大雨里，还是在漫天风沙中，武器都必须可靠地完成动作，而且是极其可靠地完成动作。因为它是在战场上和敌人做殊死搏斗的工具，对它的可靠性的要求比一般民用机械严格得多。因此，不论是新设计的还是已定型生产的自动武器都必须通过严格的实验和试验，以考查它们是否确实达到了战术技术要求，达到了规定的性能指标。

综上所述，自动武器实验技术已经成为自动武器研究、设计和制造过程中一个不可缺少的组成部分。人们只有借助于先进的实验仪器、采用先进的实验技术对自动武器系统进行全面、准确的测试，通过对大量实验数据的分析，才能正确认识和掌握自动武器系统的客观规律，从而推动自动武器技术的不断发展，研制出性能先进的武器系统，并形成有效的保障力和战斗力。

1.1.2 自动武器实验教学的任务

自动武器实验技术课与自动武器理论课程一起构成了自动武器专业知识的统一整体。它们具有同等重要的地位，具有深刻的内在联系。自动武器实验教学的主要任务在于：

（1）通过对实验现象的观察、分析和对自动武器性能特征量的测量，使学生在运用所学的理论知识、实验方法和实验技能解决具体问题方面得到必要的基本训练。

（2）注重培养学生的基本技能，其中包括：

自学能力：能够自行阅读教材和有关资料，做好实验前的预习。

动手能力：能够借助教材或仪器说明书正确使用常用仪器，按线路图正确连接线路，实验完毕按顺序整理好仪器。

分析解决问题的能力：能够运用所学的理论对实验中出现的现象进行初步的分析判断，对于正确的加以肯定并继续进行，对于错误的找出原因并考虑解决问题的方法。

表达能力：能够正确记录和处理实验数据、绘制曲线、说明实验结果以及写出合格的实验报告。

设计能力：能够独立完成与本课程相关的设计性实验。

1.2　自动武器实验课程的基本程序

实验的教学方式以实践训练为主，学生应在教师的指导下，充分发挥主观能动性，加强实践能力的训练。自动武器实验通常包括以下几个环节。

1.2.1　实验预习

（1）在进行实验之前，首先要仔细阅读本实验的内容、要求，弄清楚本实验的目的，具体要求是什么；

（2）要弄清本实验的对象、传感器、实验装置、实验原理及方法以及仪器的选用等，同时对实验的结果进行预估，以便于判断实验结果是否合理、正确；

（3）熟悉实验操作的具体步骤和操作要点；

（4）梳理本实验需要测量的物理量，并设计数据记录的表格。

1.2.2　实验操作

（1）自动武器实验不同于一般的实验，实验的对象是枪械与枪弹，具有较大的危险性，不进行射击时，要做到枪弹分离，分别由专人保管，射击时在老师的监督指导下由专人进行操作，射击结束要及时验枪，确保实验安全；

（2）实验室不同于一般课堂，学生进入实验室要遵守实验室规则，在教师的讲解和指导下熟悉实验原理、实验仪器、实验步骤；

（3）实验仪器的布置要有条理，且要安全操作；

（4）细心观察实验现象，认真记录实验中的各项数据，并且对观察到的现象和测得的数据要及时进行判断，判断其是否正常和合理；

（5）实验完毕，经教师检查确认无误后，将使用的仪器设备一起整理好，归回原处。

1.2.3 撰写实验报告

实验报告是实验者对实验工作的全面总结，要用简练的文字、必要的数字和适当的图表将实验过程和完整的实验结果真实地反映出来。一般包括以下几个部分：

（1）实验目的：总结本实验项目要达到的目的；

（2）实验内容：简要地说明本实验项目依据何种原理或方法进行实验；

（3）实验原理及方法：写出实验原理和测量方法要点，并说明实验中必须满足的实验条件，写出数据处理时必用的一些公式，标明公式中物理量的意义，画出必要的实验原理示意图；

（4）实验仪器设备与条件：写出实验所用到主要实验仪器的名称、规格及型号，以及开展实验时的环境数据；

（5）实验步骤：简要地写出实验步骤，并说明实验过程遇到的问题与解决方法；

（6）实验结果记录、信息处理与分析：如实记录实验获得的原始数据、数据处理的过程及经过处理与分析后的数据和结论；

（7）思考题：回答问题并完成思考题；

（8）实验心得体会：写出实验心得或建议等。

1.3 自动武器实验操作规则与安全

为保证实验安全、顺利进行，以及培养严肃认真的工作作风、牢固的安全意识和良好的实验工作习惯，同学们应遵守以下操作规则：

（1）任何人必须严格遵守实验室的各项规章制度；

（2）自动武器实验不同于一般的实验，实验的对象是枪械与枪弹，具有较大的危险性，要树立牢固的安全意识，时刻做到枪口不能对人；

（3）不进行射击时，要做到枪弹分离，分别由专人保管，射击时在实验教师的监督指导下由专人进行操作，射击结束要及时验枪，确保实验安全；

（4）实验枪械发生故障时，应立即停止实验，并听从教师的安排撤离到安全区域，由教师或其他专业人员排除故障；

（5）实验时要认真对照实验指导书，并严格按照仪器的使用规则正确使用仪器。使用仪器设备时，要认真阅读技术说明书，熟悉技术指标、工作性能、使用方法、注意事项，严格按照仪器设备使用说明书的规定步骤进行操作；

（6）实验系统合理布局，实验时，各实验对象、仪器、计算机之间应按信号流向，并根据连线简洁、调节顺手、观察和读数方便的原则进行合理布局；

（7）正确的接线，严格按照测试系统方案进行正确连线，连线时还应注意接线头要拧紧或夹牢，以防接触不良或出现短路；

（8）实验过程中要如实记录实验数据，养成实事求是的科学作风；

（9）实验完毕后应将实验数据交给教师检查，经检查合格后，再整理仪器设备和实验现场，完成后方可离开实验室。

第2章

实验基础知识

2.1 实验与实验中的基本测量方法

实验是科学研究的基本方法之一，它根据科学研究的目的，尽可能排除外界的影响，突出主要因素，并利用一些专门的仪器设备，在人为控制的条件下，使某一些事物（或过程）发生或再现，从而认识自然现象、自然性质、自然规律。

实验，区别于试验，实验是在设定的条件下，用来检验某种假设，或者验证或质疑某种已经存在的理论而进行的操作。科学实验是可以重复的，不同的实验者在前提一致、操作步骤一致的情况下，能够得到相同的结果。实验常带有明确的预期，通常要预设“实验目的”“实验环境”，再进行“实验操作”，最终以“实验报告”的形式发表“实验结果”。

而“试验”指的是为了了解未知事物，或别人已知而自己未知的某种事物的性能或者结果而进行的试探性操作。

在实验中常用的基本测量方法有以下几种。

2.1.1 比较法

比较法是物理实验中最普遍、最基本的测量方法，它是将待测量与标准量进行比较来确定测量值的。测量装置称为比较系统。因比较方式不同，比较测量法又可分为“直接比较测量法”和“间接比较测量法”两种。

（1）直接比较测量法。是把待测物理量与已知的同类物理量或者标准量直接进行比较，这种比较通常要借助仪器或者标准量具，如用米尺测量长度、用天平测量质量等。直接比较法的测量准确度取决于标准量具（或测量仪器）的准确度。因此标准量具和测量仪器一定要定期校准，还要按照规定条件使用，否则就会产生很大的系统误差。

（2）间接比较测量法。当一些物理量难以用直接比较法测量时，可以利用物理量之间的函数关系将待测物理量与同类标准量进行间接比较测量出来。如电流、电压表等均采用电磁力矩与游丝力矩平衡时电流大小与电流表指针的偏转角度之间有一一对应关系而制成；温度计采用物体体积膨胀与温度的关系制成。间接比较测量法是以物理量之间的函数关系为依据的，为了使测量更加方便、准确，应当尽量将物理量间的关系转换成线性关系，使读数能以均匀刻度实现。同时，在选择测量仪器时，也应当选择量程适当的仪器，避免物理量间转换关系非线性带来的测量误差。

2.1.2　放大法

将物理量按照一定规律加以放大后进行测量的方法称为放大法，这种方法对微小物理量或对物理量的微小变化量的测量十分有效。放大法有以下几种形式：

（1）累计放大法。受测量仪器精度的限制，或观察者反应的限制，单次测量的误差很大或者无法测量出待测量的有用信息。若采用累积放大法来进行测量，就可以减少测量误差获得有用的信息。如用秒表测三线摆的周期，通常不是测一个周期，而是测量累计摆动 50 或 100 个周期的时间。

（2）机械放大法。机械放大法是最直观的一种放大方法，它是利用机械原理及相应的装置将待测量进行放大测量的方法。如游标卡尺利用游标原理、千分尺利用螺距放大原理将读数放大测量，来提高测量精度。

（3）光学放大法。光学放大法是指将被测物体用助视仪器进行视角放大后再测量的方法。光学放大法的仪器由放大镜、显微镜和望远镜等组成。这类仪器只是在观察中放大视角，并不是实际尺寸发生变化，所以并不增加误差。因而许多精密仪器都是在最后的读数装置上加一个视角放大装置以提高测量精度。

（4）电学放大法。电学放大法是指借助于电路或电子仪器将微弱的电信号放大后进行测量。电学放大率可以远高于其他方式方法的放大率，并且随着微电子技术和电子器件的发展，各种电信号的放大都很容易实现，各类非电量都很容易可以转换为电量进行测量，因此电学放大法是用得最广泛、最普遍的放大方法。

2.1.3 转换测量法

转换测量法是根据物理量之间的各种效应、物理原理和定量函数关系，利用变换的思想将不能或不易测量的物理量转换成能测或易测的物理量。一般分为参量转换测量法和能量转换测量法两大类。

（1）参量转换测量法。是指利用各种参量的变换及其变化规律，来测量某一物理量的方法。例如利用光幕区截靶测弹丸速度，将弹丸初速的测量转换为两个光幕靶间的距离和弹丸通过时间的测量。

（2）能量转换测量法。利用能量相互转化的规律把某些不易测量的物理量转换为易于测量的物理量。考虑到电学参量的易测性，通常使待测量的物理量通过各种传感器或敏感器件转换成电学量进行测量。例如热电转换（温差热电偶、半导体热敏元件等）、压电转换（压电陶瓷、压敏电阻等）、光电转换（光电管、光电池等）等。

2.1.4 模拟法

模拟法是以相似性原理为基础，不直接研究自然现象或过程本身，而是用与这些现象或过程相似的模型来进行研究的一种方法。模拟法一般可分物理模拟和数学模拟。物理模拟是在相同物理本质的前提下，对物理现象或过程的模拟。数学模拟是指把不同本质的物理现象或过程，用同一个数学方程来描述。这种模拟的模型与原型在物理形式上和实质上可能毫无相同之处，但它们却遵循着相同的数学规律。随着计算机技术的不断发展和应用，用计算机进行的模拟实验越来越多，并且能够将两种模拟方法相结合，通过计算机仿真的方法来模拟真实物理实验过程。

除上述介绍的方法外，还有“补偿法”“平衡法”“光干涉法”等实验方法。这些方法在实际工程测量应用中往往是相互联系综合使用的。

2.2　误差的基本概念

2.2.1　误差的普遍性

误差是实验科学术语，指测量结果偏离真值的程度。一般来说，不论测量方法多么完善，测量系统多么精密，实验人员多么细心，物理量的测量结果不可能绝对准确地反映该物理量的真值，测出的数值总和真值存在差异，这种测量值和真实值的差异称为误差。

产生测量误差的原因是多方面的，测量手段、测量方法、环境因素、外界干扰等都会影响测量结果。主要的误差来源有：

（1）选做比较的标准本身正确度的限制。

（2）测量方法理论上的缺陷，例如采用区截法测量弹丸速度时，是用弹丸通过两靶间的平均速度来表示两靶间中点的瞬时速度，然而，弹丸的运动不是严格的匀速运动，这两个速度并不是相等的。

（3）测量系统设计、制造中的局限性，例如机械结构中的摩擦与空回，仪器的分辨率、线性度限制等。

（4）测量系统中元器件的老化变质，例如弹性元件、晶体管、压电晶体的性能等都会随时间推移而变化。

（5）在动态测量时，由于测量系统动态响应能力的限制或与待测对象不匹配而产生的动态误差。

（6）测量系统对于测量对象的状态的影响，例如采用热电偶测温时，热电偶会使接触部位的热平衡状态发生变化；测量膛压时，测压孔的开设会影响药室容积的大小，使膛压发生变化。

（7）测量系统中噪声的影响。

（8）周围环境和实验条件的变化带来的影响。

（9）读数时的误差。

（10）记录、整理实验结果时的计算误差。

在具体的测量过程中，不可能把上面提到的以及还没有列出的其他误差因素完全排除掉，因此测量误差的存在是不可避免的，误差自始至终存在于科学实验的过程中。

2.2.2 误差的分类

根据测量误差产生的原因及出现的规律，可以将误差分为系统误差、随机误差和粗大误差三类。

（1）系统误差。在相同条件下，对同一被测参量进行多次重复测量，所得结果的平均值与被测量的真值之差称为系统误差。系统误差在实验过程中服从确定性规律，在多次测量中，系统误差往往保持相同的符号和数值，所以也称为固定误差。

系统误差产生的原因主要有：测量所用的工具（仪器、量具等）本身性能不完善或安装、布置、调整不当而产生的误差；在测量过程中因温度、湿度、气压、电磁干扰等环境条件发生变化所产生的误差；因测量方法不完善或者测量所依据的理论本身不完善等原因所产生的误差；因操作人员视读方式不当造成的读数误差等。总之，系统误差的特征是测量误差出现的有规律性和产生原因的可知性，系统误差产生的原因和变化规律一般可以通过实验和分析查出。因此，系统误差可被设法确定并消除。

测量结果的准确度由系统误差来表征，系统误差越小，则表明测量准确度越高。

（2）随机误差。在相同条件下多次重复测量同一被测参量时，测量误差的大小与符号均无规律变化，这类误差称为随机误差。随机误差主要是由于测试仪器或测量过程中某些未知或无法控制的随机因素综合作用的结果，例如膛压实验中所使用的枪弹，它的弹头质量、尺寸和装药量等都有一定的制造公差，会对各发枪弹膛压的测量结果产生影响，这在实验过程中是难以控制的。

随机误差的变化通常难以预测，因此也无法通过实验方法确定、修正和消除，但是通过足够多的测量比较可以发现随机误差服从某种统计规律（如正态分布、均匀分布、辛普森分布等）。

通常用精密度表征随机误差的大小。精密度越低，随机误差越大；反之，精密度越高，随机误差越小。

（3）粗大误差。粗大误差是指明显超出规定条件下预期的误差。其特点是误差数值大，明显歪曲了测量结果。粗大误差一般由外界重大干扰、仪器故障或不正确的操作等引起，存在粗大误差的测量值称为异常值或坏值，一般容易发现，发现后应立即剔除。只要实验人员细心观察，认真读取、记录、处理实验数据，粗大误差是可以避免的。也就是说，正常的测量数据应是剔除了粗大误差的数据，所以我们通常研究的测量结果误差中仅包含系统误差和随机误差两类。

由于在任何一次测量中，系统误差与随机误差一般都同时存在，所以常按其对测量结果的影响程度分三种情况来处理：系统误差远大于随机误差时，此时仅按系统误差处理；系统误差很小，已经校正时，则可仅按随机误差处理；系统误差和随机误差不多时，应分别按不同方法来处理。

2.3　实验数据的记录

在实验过程中，对测量结果的数字记录有严格的要求，在测量中判断哪些数应该记或不该记，标准是误差。有误差的那位数字之前的各位数字都是可靠数字，均应记；有误差的那位数字为欠准数，也应记；而有误差的那位数字后面的各位数字都是不确定的，是无意义的，都不应该记。因此，从第一位非零数字起到那位欠准数字为止的所有各位数字都为有效数字。

用有效数字记录测量结果时应注意以下几点：

（1）用有效数字来表示测量结果时，可以从有效数字的位数估计测量的误差。一般规定误差不超过有效数字末位单位数字的一半。例如，测量结果记为 1.000 A，小数点后三位为末位有效数字，其单位数字为 0.001 A，单位数字的一半即 0.00 05 A，测量误差可能为正或负，所以 1.000 A 这一记法表示测量误差为 ±0.000 5 A。由此可见，记录测量的结果有严格的要求，不要少记有效数字位数，少记会带来附加误差；也不能多记有效位数，多记会夸大测量精度。

（2）有效数字不能因为采用的单位不同而增或减，如 1 000 A，用 mA 为单位，则记为 1 000 mA，两者均为四位有效数字；又如，有一测量结果记为 1 A，它是一位有效数字，若欲用 mA 为单位，不能记为 1 000 mA，因为 1 000 是四位有效数字，这样记夸大了测量精度，这时应记为 1×10^{3} mA，它仍是一位有效数字；再如，一个记录数字为 3.3×10^{8} Pa，它表示有两位有效数字，若用 MPa 为单位，应记为 3.3×10^{2} MPa，不能记为 330 MPa。总之，单位变化时，有效位数不应变化。

在实验中记录有效数字时应遵循以下规定：

（1）应只保留一位欠准数字；

（2）有效数字的位数与小数点无关；

（3）“0”在数字之间或数字之末算作有效数字；

（4）大数值与小数值为保证有效位数，要用幂的乘积形式来表示；

（5）表示误差时，一般只取一位有效数字，最多取两位。如 ±1%，±2.5% 等。

2.4 实验数据处理的基本方法

实验中测量得到的许多数据需要处理后才能表示测量的最终结果。对实验数据进行记录、整理、计算、分析、拟合等，从中获得实验结果和寻找各被测量之间的变化规律或经验公式的过程就是数据处理。它是实验方法的一个重要组成部分，是实验课的基本训练内容之一。常见的实验数据的处理方法有列表法、图示法与图解法、逐差法、最小二乘线性拟合法等。

2.4.1 列表法

列表法就是将一组实验数据和计算的中间数据依据一定的形式和顺序列成表格。列表法可以简单明确地表示出物理量之间的对应关系，便于分析和发现数据的规律性，也有助于检查和发现实验中的问题。要想让自己所列的表格充分发挥出列表法的所有优点，就必须严格按以下要求精心设计：

（1）任何表格的各栏目（纵栏或横栏）均应标明所列各量的名称（或代号，若为自定义代号，则需另注明）及单位，各量的单位切忌在每个数据的后面都标注，而应标注在本量的栏目中，若整个表中各量的单位相同，则统一在表格的右上方注明单位；

（2）若是函数测量关系表，则应按自变量由小到大或由大到小的顺序排列；

（3）栏目的顺序应充分注意数据间的联系和计算过程的先后顺序，力求简明、齐全、有条有理；

（4）严格养成实事求是的科学作风，如实、准确地记录原始数据；

（5）表格应加上必要的说明。

2.4.2　图示法与图解法

1. 图示法

图示法是指在坐标纸上用图线表示被测量之间关系的方法。图示法有简明、形象、直观、便于比较研究实验结果等优点，是一种最常用的数据处理方法。

（1）根据函数关系选择适当的坐标纸（如直角坐标纸、单对数坐标纸、双对数坐标纸、极坐标纸等）和比例，画出坐标轴，标明物理量符号、单位和刻度值，并写明测试条件。

（2）坐标的原点不一定是变量的零点，可根据测试范围加以选择。画坐标分格时，最好使测量数值中最低可靠数字位的一个单位与坐标最小分度相当。纵横坐标比例要恰当以使图线居中。

（3）描点和连线。根据测量数据，用直尺和笔尖使其函数对应的实验点准确地落在相应的位置。一张图纸上画有几条实验图线时，每条图线应用不同的标记如“+”“×”“·”“△”等符号标出，以免混淆。连线时，要顾及数据点，使曲线呈光滑曲线（含直线），并使数据点均匀分布在曲线（直线）的两侧，且尽量贴近曲线。个别偏离过大的点要重新审核，属粗大误差的应剔去。

（4）标明图名，即做好实验图线后，应在图纸下方或空白的明显位置处写上图的名称和作图日期，有时还要附上简单的说明，如实验条件等，使人一目了然。作图时，一般将纵轴代表的物理量写在前面，横轴代表的物理量写在后面，中间用“-”连接。

2. 图解法

实验图线作出以后，可以由图线求出经验公式。图解法就是根据实验数据作好的图线，用解析法找出相应的经验公式的方法。实验中经常遇到的图线有直线、抛物线、双曲线、指数曲线、对数曲线。特别是当图线是直线时，采用此方法更为方便。由实验图线建立经验公式的一般步骤如下：

（1）根据解析几何知识判断图线的类型。

（2）由图线的类型判断公式的可能特点。

（3）若实验图线为一条直线，可直接采用斜率截距法求出直线函数经验公式；若实验图线为曲线，可采用坐标变换的方式利用半对数、对数或倒数坐标纸，把原曲线改为直线。

（4）确定常数，建立起经验公式的形式，并用实验数据来检验所得公式的准确程度。

2.4.3 逐差法

逐差法常应用于处理自变量等间距变化的数据组。逐差法就是把实验测量数据进行逐项相减，或者将测量得到的偶数组数据分成前后两组实行对应项相减。前者可以验证被测量之间的函数关系，随测随检，及时发现数据差错和数据规律；后者可以充分利用数据，具有对数据取平均和减少相对误差的效果。

2.4.4 最小二乘线性拟合法

将实验结果画成图线可以形象地表示出物理规律，但图线的表示往往不如用函数表示那样明确和定量化。另外，用图解法处理数据，由于绘制图线有一定的主观随意性，同一组数据用图解法可能得出不同的结果。为了克服这一缺点，在数据统计中研究了直线拟合问题（或称一元线性回归问题），常用的是一种以最小二乘法为基础的实验数据处理方法。最小二乘法的原理是找到一条最佳的拟合直线，这条拟合直线上各相应点的值与各测量值之差的平方和在所有拟合直线中应是最小的。

在实验中，若两个变量 x，y 之间不是线性关系而是某种曲线关系，则可将曲线改直后再用最小二乘法进行直线拟合。

当两个变量 x，y 之间不存在线性关系时，同样用最小二乘法也可以拟合出一直线，但这毫无实际意义。只有当两个变量密切存在线性关系时，才应进行直线拟合。为了检查实验数据的函数关系与得到的拟合直线符合的程度，数学上引入了线性相关系数 γ 来判断。γ 值越接近于 1，说明 x 和 y 的线性关系越好；当 $\gamma=1$ 时，说明 x 和 y 完全呈线性相关，即（x，y）全部都在拟合直线上。γ 值越接近于 0，说明 x 和 y 的线性关系越差；当 $\gamma=0$ 时，说明 x 和 y 间不存在线性关系。在实验中，一般为 $\gamma \geqslant 0.9$ 时，认为两个量间存在较密切的线性关系。

第3章

自动武器动态参量测试实验

3.1 膛压测量实验

3.1.1 实验指导书

1. 实验目的

（1）了解测定枪械膛压的基本原理与方法；

（2）掌握测试系统的构成与使用方法以及实验数据的处理方法；

（3）能够结合测试结果对被测枪械枪膛压力的变化规律进行分析；

（4）提高学生实验动手能力与分析问题的能力。

2. 实验内容

利用实验枪械射击，由电测压力系统测定其膛压。

3. 实验原理及方法

采用压电式压力传感器进行膛压测试。在枪管上加工一个测压孔，因压电效应，枪膛压力（非电量）转换为电荷量并输入电荷放大器转换为电压量，并考虑标定系数，从而获得枪膛压力随时间变化的规律。

膛压测试系统组成框图如图3.1.1所示。

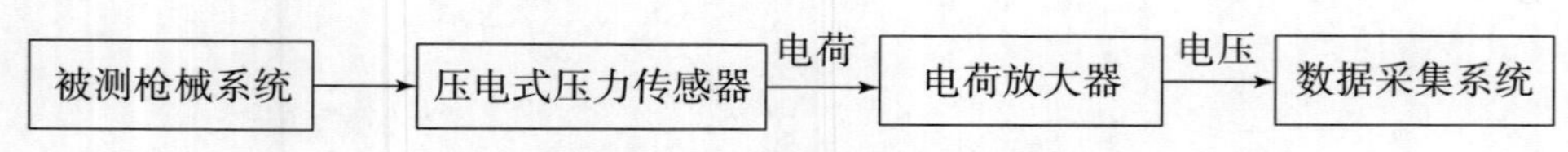

图3.1.1 膛压测试系统组成框图

4. 实验仪器设备

（1）测试专用枪：某弹道枪（含测压孔）；

（2）实验用弹：某步枪弹；

（3）实验用专用枪架；

（4）压力传感器：SYC4000型；

（5）高速动态压力测试系统：LK1432C型；

（6）其他器材：卷尺、水平仪、温湿度计等。

5. 实验步骤

1）架枪和安装传感器

（1）让枪身保持水平，使用水平仪测试其水平状态，并将实验用枪牢固地夹紧在射击枪架上；

（2）将压力传感器正确安装在被测枪械相应测压孔上：

①将压力传感器上的工作面保护帽旋出；

②将压力传感器的工作面用酒精棉球擦拭干净；

③在压力传感器清洁的工作面上，抹一层薄的填充介质（测压蜡），并正确放置一隔热圆片（聚四氟乙烯薄膜）；

④在隔热圆片上涂一层填充介质（测压蜡），涂完后的测压蜡外形呈馒头状；

⑤在填充介质上正确放置一个专用的铜质密封垫圈（与压力传感器工作面平行且同心，并与填充介质形成一整体）；

⑥再在铜质密封垫圈上表面涂上一层类似“馒头状”的填充介质（测压蜡）；

⑦用专用的六角套筒扭力扳手将压力传感器旋固在测压孔中（从枪管中可见多余的填充介质被挤出），拧紧时的最大扭矩为35 N·m（取决于压力传感器的型号）。

（3）将击发线接到实验枪的发射机构上，保证能够正常击发。

2）按照测量系统方框图进行连线

（1）根据测试系统组成框图依次连接各个仪器，注意各仪器的信号输入线及输出线不要混淆；

（2）将所有仪器的信号线连接好之后再仔细检查一遍，确保连线正确，并注意连接好各仪器的地线。

3）各仪器的调节

（1）检查各仪器的初始状态是否正确，检查各仪器的电源线连接是否正确，确认无误后，方可打开各测量仪器的电源开关，对仪器进行预热，预热时间为 5 ~ 10 min；

（2）运行数据采集软件，检查数据采集系统是否正常工作。

4）膛压的测量

本实验为实弹射击实验，实验人员必须注意安全，听从教师指挥，不得私自操作枪支、仪器等。

（1）安全检查，确保实验用枪膛内无弹，弹道枪开闭锁机构和击发机构可正常工作；

（2）装好枪弹；

（3）运行采样程序，进行参数设置，包括采样频率、采样长度、预置采样长度、触发源、触发方式、触发电平等，设置完毕后，进入待测状态；

（4）实施射击；

（5）检查记录的信号是否正常，若有异常，则根据信号分析原因，重新检查测试仪器，若信号正常，则保存实验数据；

（6）记录仪器的型号、编号、规格；

（7）关闭各仪器电源，整理现场，擦拭实验用枪。

6. 思考题

（1）测试枪膛压力及其变化规律对枪械的分析研究、改进创新有何意义？

（2）根据实验曲线分析枪膛压力及其变化规律。

7. 实验报告要求

（1）实验目的；

（2）实验内容；

（3）实验原理及方法（包括实验系统框图）；

（4）实验仪器设备与条件（包括仪器状况、环境温度、环境湿度）；

（5）实验步骤；

（6）实验结果记录、信息处理与分析；

（7）思考题；

（8）实验心得体会。

3.1.2　实验数据记录与分析示例

1. 实验数据记录

传感器将枪膛压力转换为电荷量，测得的电荷量数据输入电荷放大器并转换为电压量后，由数据采集软件获得枪膛压力随时间变化的规律。电荷放大器参数设置如图 3.1.2 所示。灵敏度根据传感器参数设置为 26.0 pC/MPa；低通滤波旋钮旋至 F 挡位，表示无滤波；输出旋钮旋至 10 倍放大，即 1 MPa 对应 10 mV，由采样程序数据可直接得出枪膛压力，如图 3.1.3 所示。

图 3.1.2　电荷放大器参数设置

高速动态压力测试系统采样程序参数设置如图 3.1.3 右侧面板所示。采样频率即水平时基为 10 Ms/s；采样深度 6.553 6 ms；触发源选择 CH1 通道；触发方式为下降沿触发；触发电平为 −3.182%（一般为 −10% ~ −2%），防止曲线毛刺误触发；触发延迟为负延迟，−0.051 2 ms，负延

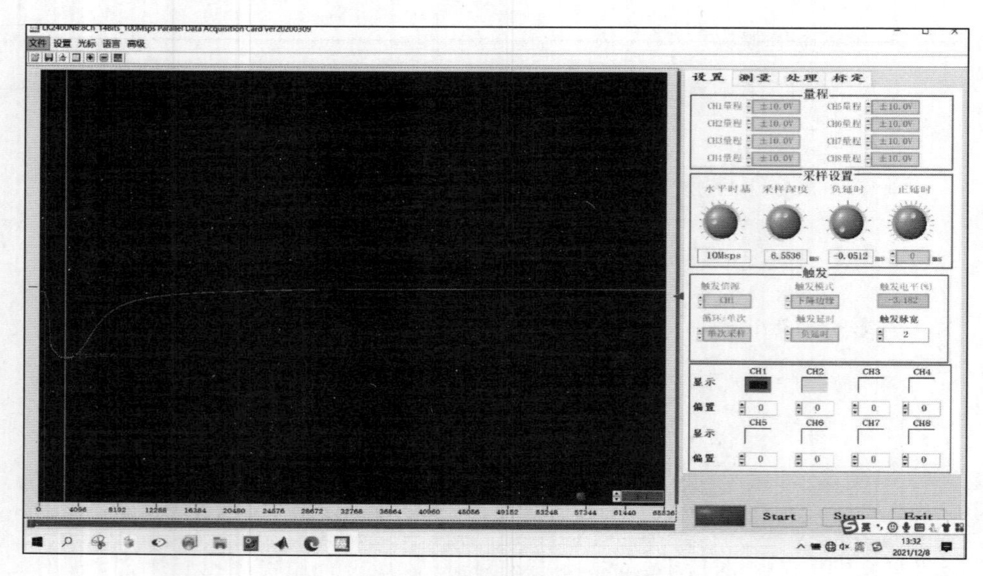

图 3.1.3 数据采集界面

迟是为了避免膛压变化出现在采样程序初始采样点之前导致采样数据缺失。

2. 实验数据分析

由图 3.1.3 可见峰值数据为（221.72 μs，3.377 V），即在 221.72 μs 时出现峰值数据 3.377 V，由电荷放大器对应灵敏度经简单计算得最大膛压约为 337.7 MPa。可以通过界面上方菜单将采集到的电压随时间变化的数据保存为 txt 文件（如图 3.1.4 所示），可以对膛压随时间的变化曲线（如图 3.1.5 所示）进行进一步分析。

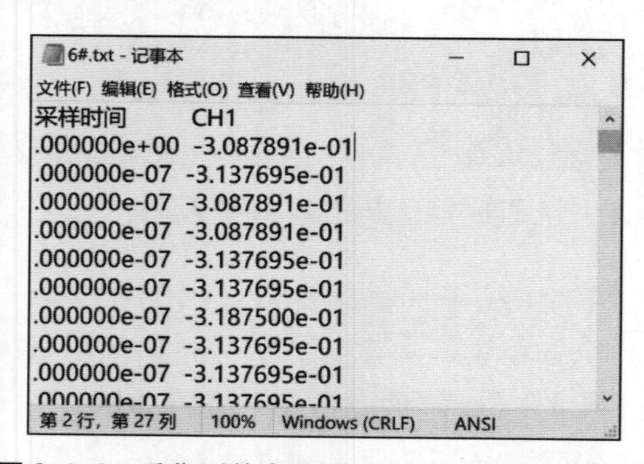
6#.txt - 记事本
文件(F) 编辑(E) 格式(O) 查看(V) 帮助(H)
采样时间 CH1
.000000e+00 -3.087891e-01
.000000e-07 -3.137695e-01
.000000e-07 -3.087891e-01
.000000e-07 -3.087891e-01
.000000e-07 -3.137695e-01
.000000e-07 -3.137695e-01
.000000e-07 -3.187500e-01
.000000e-07 -3.137695e-01
.000000e-07 -3.137695e-01
.000000e-07 -3.137695e-01
第 2 行，第 27 列 100% Windows (CRLF) ANSI

图 3.1.4 采集到的电压随时间的变化的数据文件

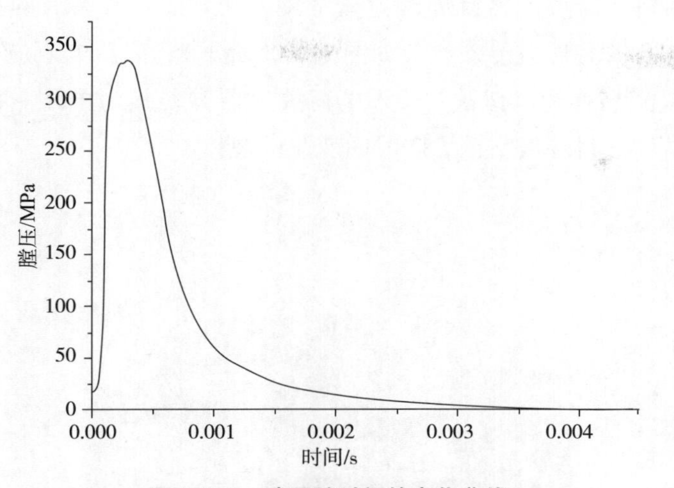

图 3.1.5　膛压随时间的变化曲线

3.2　导气室压力测量实验

3.2.1　实验指导书

1. 实验目的

(1) 了解测定枪械导气室压力的基本原理与方法；

(2) 掌握测试系统的构成与使用方法以及实验数据的处理方法；

(3) 能够结合测试结果对被测枪械导气室压力的变化规律进行分析；

(4) 提高学生实验动手能力与分析问题的能力。

2. 实验内容

利用实验枪械射击，由电测压力系统测定其导气室压力。

3. 实验原理及方法

导气室压力测试系统组成框图如图 3.2.1 所示。

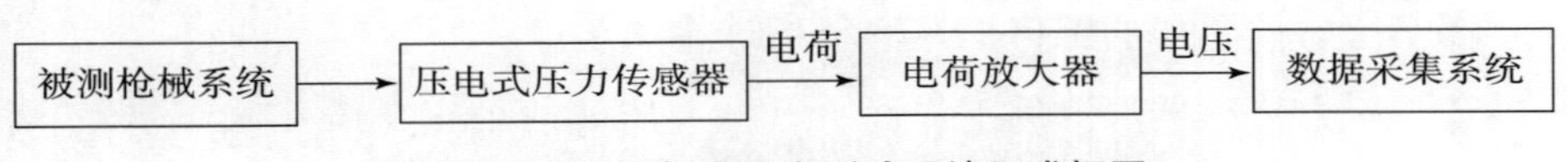

图 3.2.1　导气室压力测试系统组成框图

采用压电式压力传感器进行导气室压力测试。在改装后的调节器上预留一个测压孔安装压力传感器（如图 3.2.2 所示），因压电效应，导气室压力（非电量）转换为电荷量，输入电荷放大器并转换为电压量，并考虑标定系数，从而获得导气室压力随时间变化的规律。

图 3.2.2　导气室压力测量传感器安装位置

4. 实验仪器设备

（1）实验用枪：某自动步枪（改装调节器）；

（2）实验用弹：某步枪弹；

（3）实验用专用枪架；

（4）压力传感器：SYC1000 型；

（5）高速动态压力测试系统：LK1432C 型。

5. 实验步骤

1）架枪和安装传感器

（1）将实验用枪牢固地夹紧在射击枪架上。

（2）将压力传感器正确安装在被测枪械气体调节器上的测压孔上：

①将压力传感器上的工作面保护帽旋出；

②将压力传感器的工作面用酒精棉球擦拭干净；

③在压力传感器清洁的工作面上，抹一层薄的填充介质（测压蜡），并正确放置一隔热圆片（聚四氟乙烯薄膜）；

④在隔热圆片上涂一层填充介质（测压蜡），涂完后的测压蜡外形呈馒

头状；

⑤在填充介质上正确放置一个专用的铜质密封垫圈（与压力传感器工作面平行且同心，并与填充介质形成一整体）；

⑥再在铜质密封垫圈上表面涂上一层类似“馒头状”的填充介质（测压蜡）；

⑦用专用的六角套筒扭力扳手将压力传感器旋固在测压孔中（从枪管中可见多余的填充介质被挤出），拧紧时的最大扭矩为 35N · m（取决于压力传感器的型号）。

（3）将击发线接到实验枪的发射机构上，保证能够正常击发。

2）按照测量系统方框图进行连线

（1）根据测试系统组成框图依次连接各个仪器，注意不要混淆各仪器的信号输入线及输出线；

（2）将所有仪器的信号线连接好之后再仔细检查一遍，确保连线正确，并注意连接好各仪器的地线。

3）各仪器的调节

（1）检查各仪器的初始状态是否正确，检查各仪器的电源线连接是否正确，确认无误后，方可打开各测量仪器的电源开关，对仪器进行预热，预热时间为 5 ~ 10 min；

（2）运行数据采集软件，检查数据采集系统是否正常工作。

4）导气室压力的测量

本实验为实弹射击实验，实验人员必须注意安全，听从教师指挥，不得私自操作枪支、仪器等。

（1）安全检查，确保实验用枪膛内无弹，弹道枪开闭锁机构和击发机构可正常工作。

（2）装好枪弹。

（3）运行采样程序，进行参数设置，包括采样频率、采样长度、预置采样长度、触发源、触发方式、触发电平等，设置完毕后，进入待测状态。

（4）实施射击。

（5）检查记录的信号是否正常，若有异常，则根据信号分析原因，重新检查测试仪器；若信号正常，则保存实验数据。

（6）记录仪器的型号、编号、规格。

（7）关闭各仪器电源，整理现场，擦拭实验用枪。

6. 思考题

（1）测试枪膛导气室压力及其变化规律对枪械的分析研究、改进创新有何意义？

（2）根据实验曲线分析枪膛导气室压力及其变化规律。

7. 实验报告要求

（1）实验目的；

（2）实验内容；

（3）实验原理及方法（包括实验系统框图）；

（4）实验仪器设备与条件（包括仪器状况、环境温度、环境湿度）；

（5）实验步骤；

（6）实验结果记录、信息处理与分析；

（7）思考题；

（8）实验心得体会。

3.2.2　实验数据记录与分析示例

采用上述实验系统对某自动步枪改装调节器小孔状态下单发导气室压力及改装调节器大孔状态下三连发导气室压力进行测量，结果如图 3.2.3、

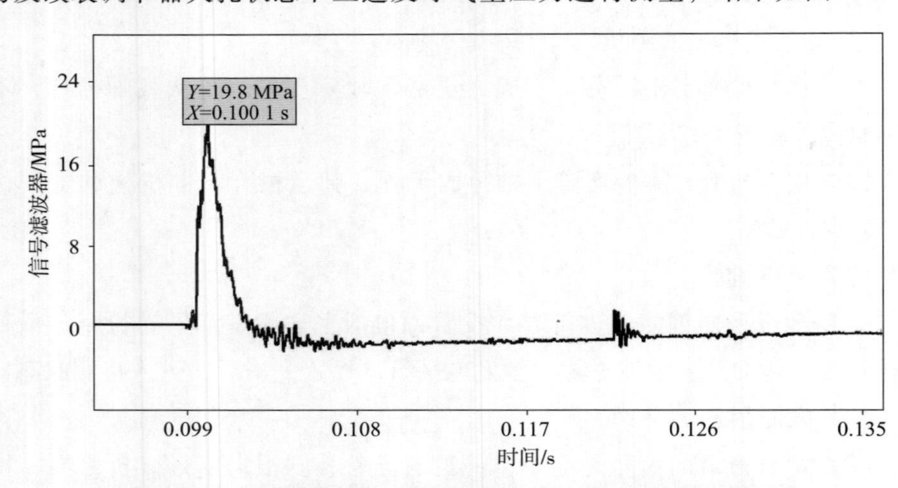

图 3.2.3　改装调节器小孔状态下单发射击导气室压力测量曲线

图 3.2.4 所示。调节器小孔状态下单发射击时导气室压力峰值为 19.8 MPa，调节器大孔状态下三连发射击时导气室压力平均峰值为 28.4 MPa。

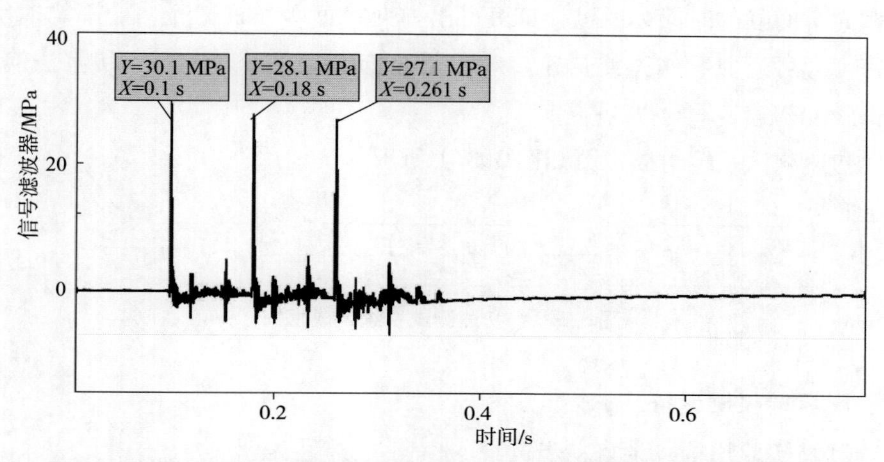

图 3.2.4　改装调节器大孔状态下三连发射击导气室压力测量曲线

3.3　弹丸初速测量实验

3.3.1　实验指导书

1. 实验目的

（1）了解测定弹丸初速的基本原理与方法；

（2）掌握测试系统的构成与使用方法以及实验数据的处理方法；

（3）能够结合测试结果对被测枪械弹丸初速的变化规律进行分析；

（4）提高学生实验动手能力与分析问题的能力。

2. 实验内容

利用实验枪械射击，由区截装置和测时仪测定其初速。

3. 实验原理及方法

初速采用光幕靶法进行测试。在与实验枪后效期结束后相对应的弹道上布置一对光幕靶，光幕靶由产生光幕的光源与光电转换装置组成。光源产生正交于弹丸飞行方向的光幕，当弹丸穿过光幕测试区时，会遮住一部分光幕，光通量发生变化，光电转换装置将此变化转换成电信号并进行放大、滤波、整形，形成脉冲信号作为测时仪的触发信号。在弹丸先后穿过两光幕靶光幕后，测时仪分别记录这两个时刻，以此计算出弹丸穿过两光幕靶光幕间隔的时间，通过计算可得出弹丸穿过两光幕靶光幕的平均速度。此速度即可近似看作弹丸初速。对于低速枪弹，还需通过西亚切解法换算求得弹丸初速。

初速测试系统组成框图如图 3.3.1 所示。

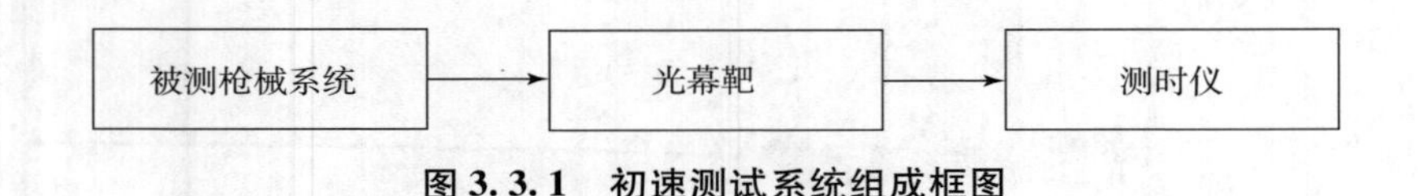

图 3.3.1　初速测试系统组成框图

4. 实验仪器设备

（1）实验用枪：某自动步枪；

（2）实验用弹：某步枪弹；

（3）实验用专用枪架；

（4）光幕靶：HG2000 型；

（5）测时仪：HG202C－Ⅲ型；

（6）其他器材：卷尺、水平仪、温湿度计等。

5. 实验步骤

1）架枪和安装传感器

（1）让枪身保持水平，使用水平仪测试其水平状态，并将实验用枪牢固地夹紧在射击枪架上；

（2）布置光幕靶：Ⅰ靶布置在距枪口距离 $L \approx 1.5$ m 处，Ⅰ靶、Ⅱ靶平行布置，用卷尺测量两靶间距离并记录下来，尽量保证被测枪枪管轴线延长线垂直通过两靶的中心；

（3）将击发线接到实验枪的发射机构上，保证能够正常击发。

2）按照测量系统方框图进行连线

（1）根据测试系统组成框图依次连接各个仪器，注意不要混淆各仪器的信号输入线及输出线；

（2）将所有仪器的信号线连接好之后再仔细检查一遍，确保连线正确，并注意连接好各仪器的地线。

3）各仪器的调节

检查各仪器的初始状态是否正确，检查各仪器的电源线连接是否正确，确认无误后，方可打开各测量仪器的电源开关，对仪器进行预热，预热时间为 5 ~ 10 min。

4）初速的测量

本实验为实弹射击实验，实验人员必须注意安全，听从教师指挥，不得私自操作枪支、仪器等。

（1）安全检查，确保实验用枪膛内无弹，自动机可正常工作。

（2）用手先后通光幕靶的Ⅰ靶和Ⅱ靶的中心，检测测时仪是否有信号输出，若无信号输出，则重新检查仪器和信号线，并分析原因，若有信号输出，则继续以下步骤。

（3）装好枪弹。

（4）初始化计时器，进入待测状态。

（5）实施射击。

（6）检查记录的信号是否正常。若有异常，则根据信号分析原因，重新检查测试仪器；若信号正常，则保存实验数据。

（7）记录仪器的型号、编号、规格。

（8）关闭各仪器电源，整理现场，擦拭实验用枪。

6. 思考题

（1）影响初速测试精度的因素有哪些？

（2）如何提高初速测试精度？

7. 实验报告要求

（1）实验目的；

（2）实验内容；

（3）实验原理及方法（包括实验系统框图）；

（4）实验仪器设备与条件（包括仪器状况、环境温度、环境湿度）；

（5）实验步骤；

（6）实验结果记录、信息处理与分析；

（7）思考题；

（8）实验心得体会。

3.3.2　实验数据记录与分析示例

根据光幕靶测速原理，弹丸先后穿过两光幕靶（如图 3.3.2 所示）。仪器测得弹丸穿过两光幕靶光幕间隔的时间如图 3.3.3 所示，为 752 μs。已知两光幕靶之间距离为 67 cm，通过平均速度法计算可得出弹丸穿过两光幕靶光幕的平均速度，计算过程如下：

$$\overline{v} = \frac{\Delta x}{\Delta t} = 891.0\ \text{m/s}$$

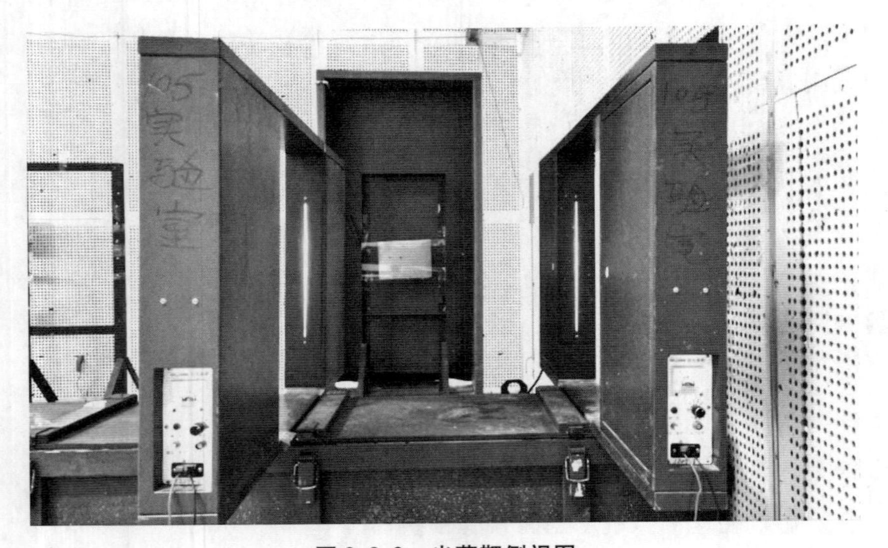

图 3.3.2　光幕靶侧视图

图 3.3.3　电子测时仪及其测量数据

即可近似认为弹丸初速为 891.0 m/s。

进行 10 次测量，实验结果及平均值见表 3.3.1。

表 3.3.1　弹丸初速测试结果

发次	1	2	3	4	5	6	7	8	9	10	平均
初速/($m \cdot s^{-1}$)	891.0	908.3	906.2	912.8	905.0	906.2	897.3	905.0	898.9	902.4	903.31

3.4　自动机运动动态参量测量实验

3.4.1　实验指导书

1. 实验目的

（1）了解测试枪械发射过程中自动机的位移、速度等运动参数随时间变化规律的非接触测试原理与方法；

（2）初步掌握测试系统的构成、使用方法以及实验数据的处理方法；

（3）能够结合测试结果对自动武器循环过程中自动机的受力、碰撞等进行分析；

（4）提高学生实验动手能力与分析问题的能力。

2. 实验内容

采用非接触测试方法测试枪械发射过程中自动机的位移、速度等运动参数随时间的变化规律。

3. 实验原理及方法

1）激光位移传感器测试原理

测试系统由激光位移传感器（包括感测头、数据采集控制器）、数据处理软件和计算机等部分组成，图 3.4.1 为测试系统构成框图。

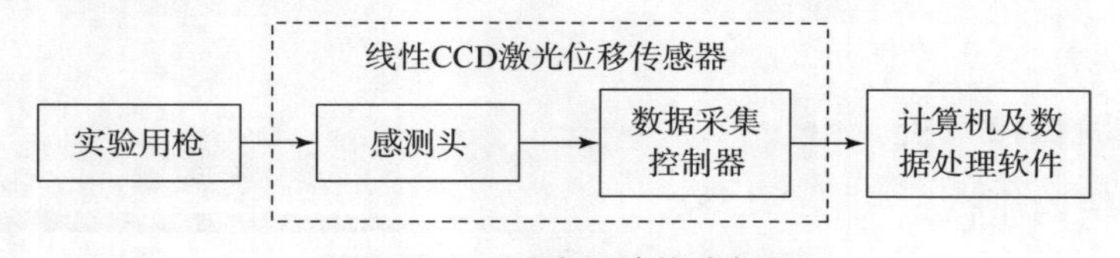

图 3.4.1　测试系统构成框图

线性 CCD 激光位移传感器采用激光三角测量原理来检测枪械自动机的运动位移，该传感器发射出激光束，通过光学系统沿自动机的运动方向投射到自动机的表面，激光束经自动机表面反射再通过镜头成像于 CCD 器件上，再由传感器内部的高速波形处理器（数字信号处理器）对来自 CCD 的信号进行高速数字处理，然后通过电缆将采集到的数字信号传输给数据采集控制器。在射击过程中，激光反射点位置随自动机一起运动，其位置随时间变化，通过三角测量原理可得出自动机的时间－位移曲线。

2）高速摄影运动参数测试原理

本实验测试系统由高速摄像机、光源、被试品（测速标记）和计算机组成。高速摄影是以极高的拍摄帧率将高速的过程拍摄下来，通过图像识别和处理得到位移、速度等物理量。通过 Phantom 高速摄影系统控制软件 PFV 记录枪机框运动状态，参数设置为 5 000 帧/s，可以记录设定时间段内标记点的运动序列图像，通过后处理软件对标记点进行跟踪和测算，得到标记点的位移、速度和加速度等运动参数。其原理为：将 t 时刻测量对象的图像记录下来，①对于运动平面保持不变的物体，通过同幅图像中已知长度标尺的尺寸，计算出该图像中每个像素点的尺寸，再以此计算出要测量物体的尺寸；将 $t+\Delta t$ 时刻的图像记录下来，对比物体上某点在两幅图像中位置的差距，得到物体上该点的位移；然后，通过插值计算出 Δt 时间内的平均速度。由于 Δt 时间极短，可以认为求得的平均速度就是该时刻物体上该点的速度。用同样的方法，可以近似取得该时刻物体上该点的加速度。②对于运动面变化的物体，则可以让标尺和物体进行同步运动，在每一幅图像中都用标尺计算该图像的像素点尺寸，利用相对位置变化获得位移。

测试标记点为与自动机的主动件——枪机框固连的拉机柄，因此后面的测量数据均称以枪机框为载体。为便于后续软件处理，在机匣上标定后处理标尺，如图 3.4.2 所示。

4. 实验仪器设备

（1）实验用枪：某自动步枪；

（2）实验用弹：某步枪弹；

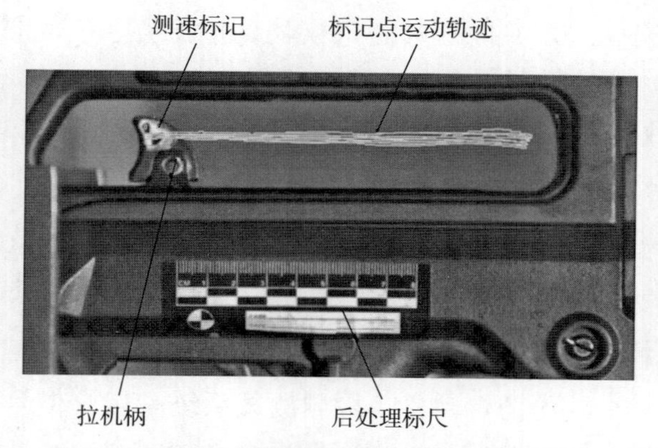

图 3.4.2　后处理软件中的标记点及其运动轨迹

（3）线性 CCD 激光位移传感器：包括 LK – G500 型感测头、LK – G3001V 型数据采集控制器；

（4）高速摄像机及其配套设备；

（5）实验用专用枪架。

5. 实验步骤

1）架枪和安装传感器

（1）让枪身保持水平，使用水平仪测试其水平状态，并将实验用枪牢固地夹紧在射击枪架上；

（2）将激光位移传感器的感测头安装在传感器支架上，调节传感器的前后位置，使自动机的运动行程在传感器的测量量程之内，调节激光位移传感器的感测头俯仰角，使自动机上的激光照射点在自动机全行程内基本保持同一位置；

（3）将击发线接到实验枪的发射机构上，保证能够正常击发。

2）按照测量系统方框图进行连线

（1）根据测试系统组成框图依次连接各个仪器，注意不要混淆各仪器的信号输入线及输出线；

（2）将所有仪器的信号线连接好之后再仔细检查一遍，确保连线正确，并注意连接好各仪器的地线。

3）各仪器的调节

（1）检查各仪器的初始状态是否正确，检查各仪器的电源线连接是否正确，确认无误后，方可打开各测量仪器的电源开关，对仪器进行预热，预热时间为 5 ~ 10 min；

（2）运行数据采集软件，检查数据采集系统是否正常工作。

4）位移信号的测量

本实验为实弹射击实验，实验人员必须注意安全，听从教师指挥，不得私自操作枪支、仪器等。

（1）安全检查，确保实验用枪膛内无弹，自动机可正常工作。

（2）推拉实验用枪的自动机，检测测试系统是否有信号输出，若无信号输出，则重新检查仪器和信号线，并分析原因；若有信号输出，则继续以下步骤。

（3）装好枪弹。

（4）运行数据采集程序，进行参数设置，包括采样频率、触发方式等，设置完毕后，进入待测状态。

（5）实施射击。

（6）检查记录的信号是否正常，若有异常，则根据信号分析原因，重新检查测试仪器；若信号正常，则保存实验数据。

（7）记录仪器的型号、编号、规格。

（8）关闭各仪器电源，整理现场，擦拭实验用枪。

6. 思考题

（1）叙述激光位移传感器的工作原理。

（2）叙述高速摄影测试的工作原理。

（3）根据实验曲线分析自动机运动特点。

（4）如何由位移信号求得速度信号？

7. 实验报告要求

（1）实验目的；

（2）实验内容；

（3）实验原理及方法（包括实验系统框图）；

（4）实验仪器设备与条件（包括仪器状况、环境温度、环境湿度）；

（5）实验步骤；

（6）实验结果记录、信息处理与分析；

（7）思考题；

（8）实验心得体会。

3.4.2　实验数据记录与分析示例

1. 激光位移传感器测量自动机运动动态参量

在射击过程中，激光反射点位置随自动机一起运动（如图 3.4.3 所示）；通过三角测量原理可得出自动机的时间 - 位移曲线，所测数据如图 3.4.4 所示。

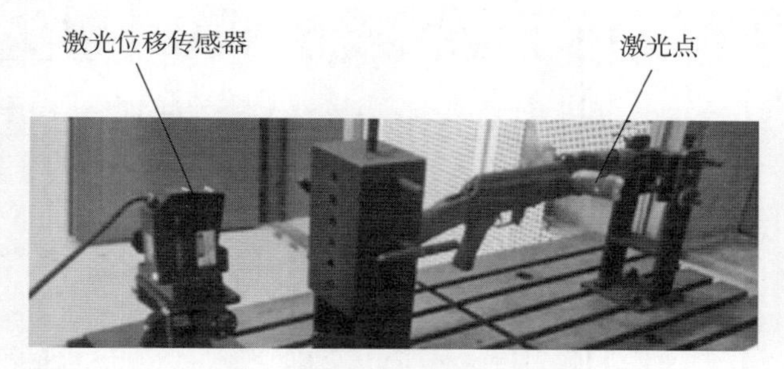

图 3.4.3　激光反射点位置

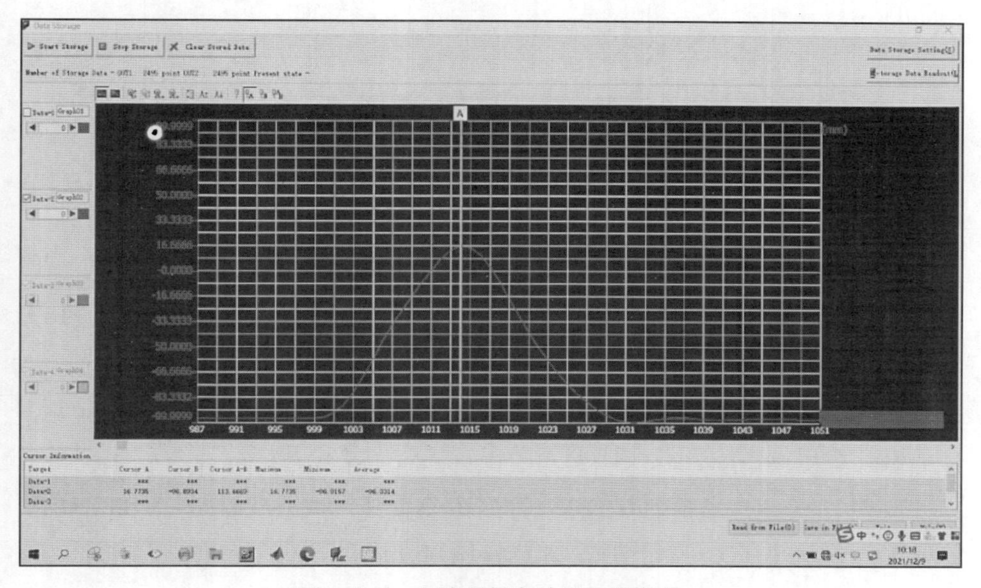

图 3.4.4　实验所得自动机行程曲线

自动机初始坐标位置为 -96.893 4，最大坐标位置及后坐到位坐标位置为 16.773 5，单位为 mm，计算得自动机后坐行程为 113.666 9 mm。

56 式冲锋枪枪机后坐行程为 113 mm，误差为 0.6%，可见测量数据较为准确。

由于激光点位置在拉机柄上，实际测得行程为活塞/枪机框运动行程，枪机自由行程等内部动作无法准确测量。

选取如图 3.4.4 所示第 987 至第 1051 数据点，经简单计算拟合得自动机位移 - 时间与速率 - 时间曲线，如图 3.4.5 所示。

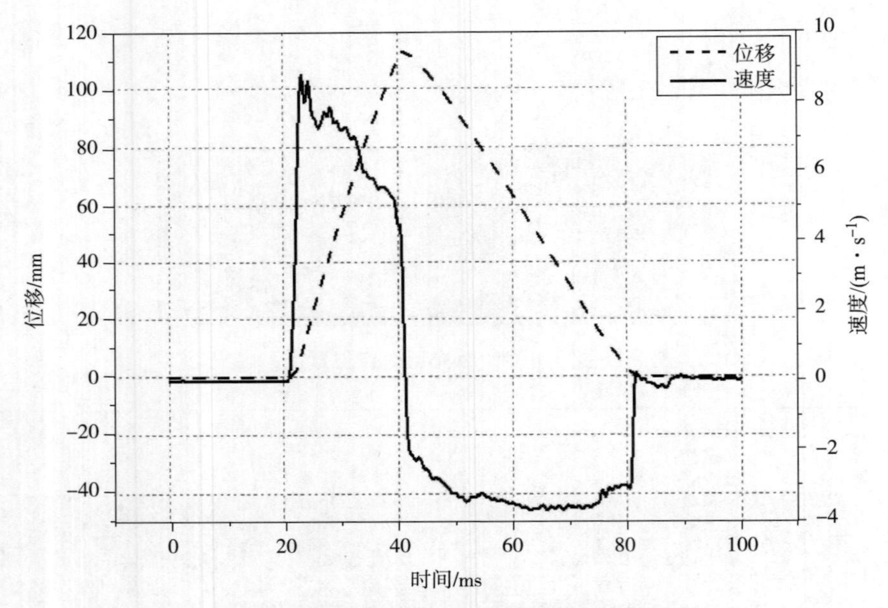

图 3.4.5　自动机位移 - 时间与速率 - 时间曲线

约 20.8 ms 时，自动机在火药燃气及复进簧作用下开始后坐运动，此时火药燃气起主要作用，自动机做加速运动。

约 23.2 ms 时，自动机速度达到峰值 8.73 m/s，自动机开始减速。此时自动机开始压倒击锤，并完成抛壳动作；同时，复进簧持续压缩形变。

约 41.2 ms 时，自动机后坐到位，速率至 0 mm/s，自动机与枪尾碰撞后反跳，并开始在复进簧作用下加速，做复进运动。

约 61 ms 时，机框速度为 3.49 m/s，开始弹匣推弹行程。

约 80. 8 ms，机头复进行程结束，但并未完成闭锁动作。此后可见速率 - 时间曲线有一段明显波动，说明枪机框在极短时间内有回弹运动，并最终稳定。

2. 高速摄影测量自动机运动动态参量

高速摄影记录自动机运动的所有状态，将所有结果以图片的形式保存。运动参数的测试以自动机运动曲线为目的，以结果图片为基础，以图像识别算法为手段，本文以 PCC 软件为例介绍后处理分析过程。

后处理流程如图 3. 4. 6 所示，包括以下主要步骤：

（1）标定。参照高速摄影视场中粘贴的标尺，一般选择标尺长度作为标定长度，为像素点和实际对应长度建立函数对应关系。

（2）选定测量点和坐标系。一般将具有显著对比特点的粘贴物作为测量点，后续计算得到的结果均为测量点的结果，自动机测速的测量点为机框上的粘贴物，坐标系一般以测量点的初始位置为原点，水平和竖直方向分别为 x 轴和 y 轴。

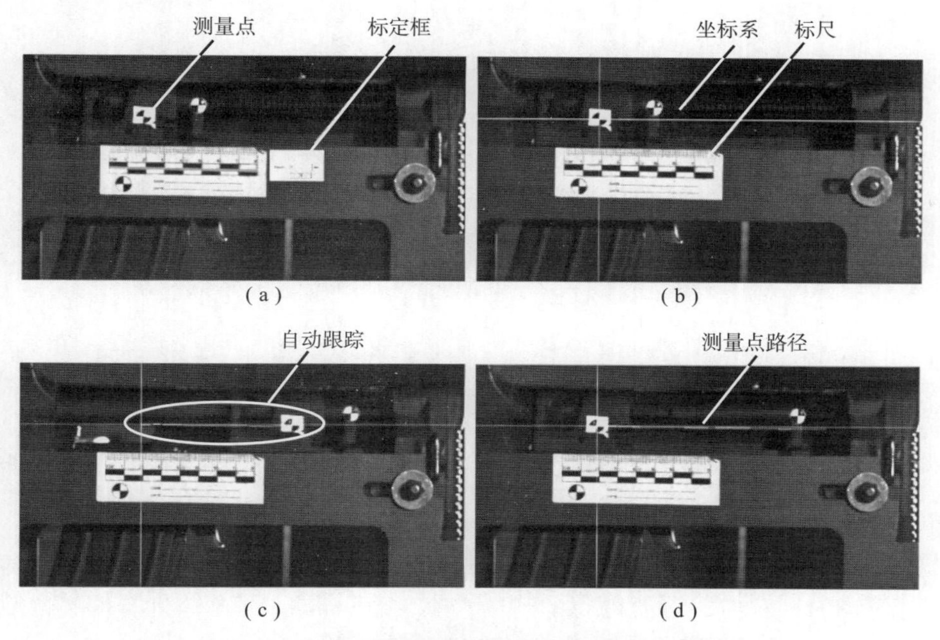

图 3. 4. 6　高速摄影运动参数测试分析后处理流程

（a）标定；（b）测量点和坐标系；（c）自动跟踪；（d）完整路径

（3）时间历程的自动跟踪。采用图像处理算法自动跟踪全时间历程下的测量点的路径和时间的对应关系，PCC 中的“自动跟踪”功能可以在播放高速摄像机结果时完成精确跟踪。

（4）得到完整自动循环的测量点路径。测量点路径代表了测量点在图像识别软件界面中的运动历程，基于标定结果可以计算得到测量点实际的位移、速度和加速度时间历程曲线。

通过以上步骤的处理，可以得到单个循环对应的自动机运动的位移 - 时间、速度 - 时间以及加速度 - 时间曲线，针对多个自动循环进行采样，可以处理连发状态下的测试结果，得到连发状态的自动机运动曲线。某型小口径自动步枪通过高速摄影测试得到的 7 连发自动机运动曲线如图 3. 4. 7 所示。

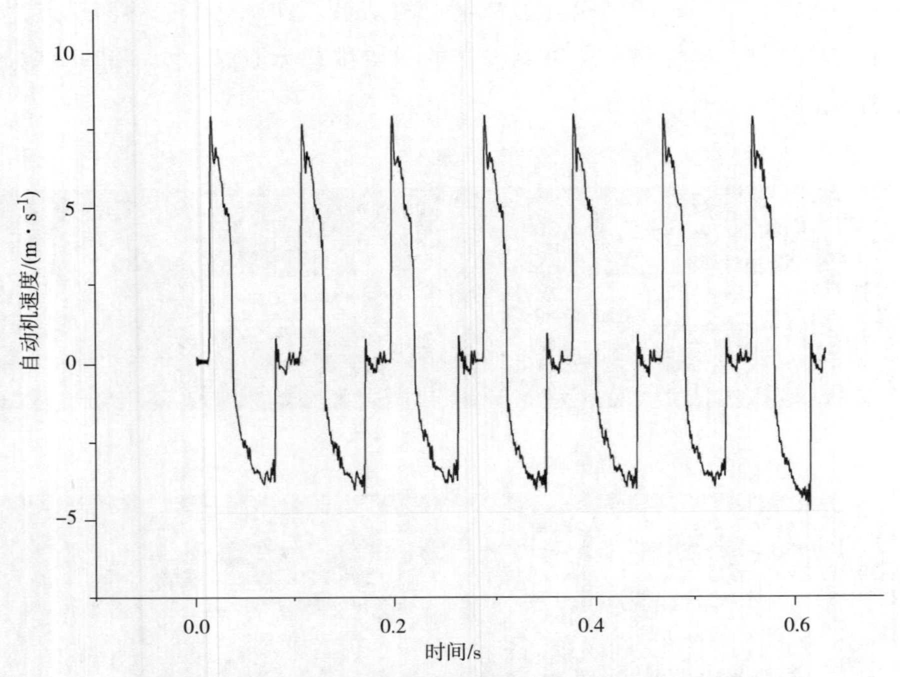

图 3. 4. 7　高速摄影测试得到的 7 连发自动机运动曲线

3.5　后坐力测量实验

3.5.1　实验指导书

1. 实验目的

（1）了解测试枪械发射过程中的后坐力测试原理与方法；

（2）初步掌握枪械后坐力测试系统的构成与使用方法以及实验数据的处理方法；

（3）提高学生实验动手能力与分析问题的能力。

2. 实验内容

采用枪械后坐力测试系统对枪械发射过程中的后坐力随时间的变化规律进行测试。

3. 实验原理及方法

测试系统组成框图如图 3.5.1 所示。

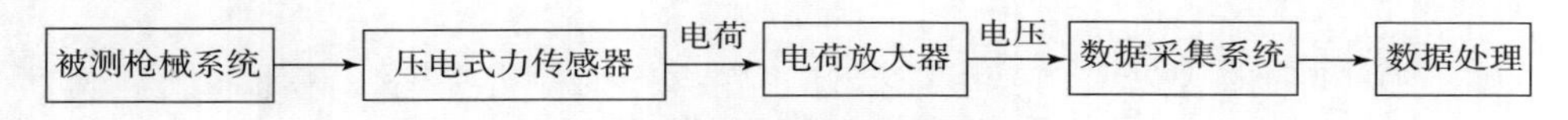

图 3.5.1　测试系统组成框图

本实验采用压电式测力传感器进行测量。

压电式传感器是一种典型的有源传感器或发电型传感器，以某些电介质的压电效应为基础，在外力作用下，在电介质的表面产生电荷，从而实现非电量电测的目的。压电式测力传感器刚度好、灵敏度高、频率响应范围宽和稳定性好，所以特别适用于瞬态力与交变力的测量。

实验用枪在专用枪架上夹持，与专用枪架一起后坐运动，撞击压电式力传感器，传感器输出的电荷信号经电荷放大器调理后送至数据采集系统，经数据处理后便可获得枪械运动过程中后坐力随时间的变化规律曲线。

4. 实验仪器设备

（1）实验用枪：某自动步枪；

（2）实验用弹：某步枪弹；

（3）实验用专用枪架：卧式自由后坐台；

（4）测力传感器：DYTRAN 1050C 力传感器；

（5）高速动态压力测试系统：LK1432C 型；

（6）其他器材：水平仪等。

5. 实验步骤

1）架枪和安装传感器

（1）让枪身保持水平，使用水平仪测试其水平状态，并将实验用枪牢固地夹紧在卧式自由后坐台上，注意保证卧式自由后坐台在滑轨上可做往复自由运动；

（2）将力传感器安装在卧式自由后坐台上的传感器支架上，保证力传感器的轴线与卧式自由后坐台的滑动体与传感器的撞击面垂直；

（3）将击发线接到实验枪的发射机构上，保证能够正常击发。

2）按照测量系统方框图进行连线

（1）根据测试系统组成框图依次连接各个仪器，注意不要混淆各仪器的信号输入线及输出线；

（2）将所有仪器的信号线连接好之后再仔细检查一遍，确保连线正确，并注意连接好各仪器的地线。

3）各仪器的调节

（1）检查各仪器的初始状态是否正确，检查各仪器的电源线连接是否正确，确认无误后，方可打开各测量仪器的电源开关，对仪器进行预热，预热时间为 30 min；

（2）按照所使用传感器的灵敏度数值，设置好电荷放大器上传感器灵敏度拨码开关上的数字；

（3）根据被测信号的大小调节电荷放大器的增益；

（4）启动 LK2400N8 软件，确保数据采集卡正常工作。

4）力信号的测量

本实验为实弹射击实验，实验人员必须注意安全，听从教师指挥，不得私自操作枪支、仪器等。

（1）安全检查，确保实验用枪膛内无弹，自动机可正常工作。

（2）推拉卧式自由后坐台，使卧式自由后坐台撞击传感器，检测测试系统是否有信号输出，若无信号输出，则重新检查仪器和信号线，并分析原因；若有信号输出，则继续以下步骤。

（3）装好枪弹，使卧式自由后坐台处于最后方的位置，即卧式自由后坐台的撞击面与传感器平面处于贴紧状态。

（4）运行采样程序，进行参数设置，包括采样频率、采样长度、预置采样长度、触发源、触发方式、触发电平等，设置完毕后，进入待测状态。

（5）实施射击；

（6）检查记录的信号是否正常，若有异常，则根据信号分析原因，重新检查测试仪器；若信号正常，则保存实验数据。

（7）记录仪器的型号、编号、规格及实测时各旋钮的状态及参数。

（8）关闭各仪器电源，整理现场，擦拭实验用枪。

6. 思考题

（1）根据实验曲线分析枪械运动过程中所产生的后坐力特性与数值。

（2）分析本实验有待改进之处。

7. 实验报告要求

（1）实验目的；

（2）实验内容；

（3）实验原理及方法（包括实验系统框图）；

（4）实验仪器设备与条件（包括仪器状况、环境温度、环境湿度）；

（5）实验步骤；

（6）实验结果记录、信息处理与分析；

（7）思考题；

（8）实验心得体会。

3.5.2　实验数据记录与分析示例

力传感器将后坐力转换为电荷量，测得数据输入电荷放大器并转换为电压量，由数据采集软件获得后坐力随时间变化的规律。电荷放大器参数设置如图 3. 5. 2 所示。灵敏度根据传感器参数设置为 18. 1 pC/1 bf；低通滤波旋钮旋至 F 挡位，表示无滤波；输出旋钮旋至 10 倍放大，即 11 bf 对应 10 mV，由采样程序数据可直接得出后坐力，如图 3. 5. 3 所示。

图 3. 5. 2　电荷放大器参数设置

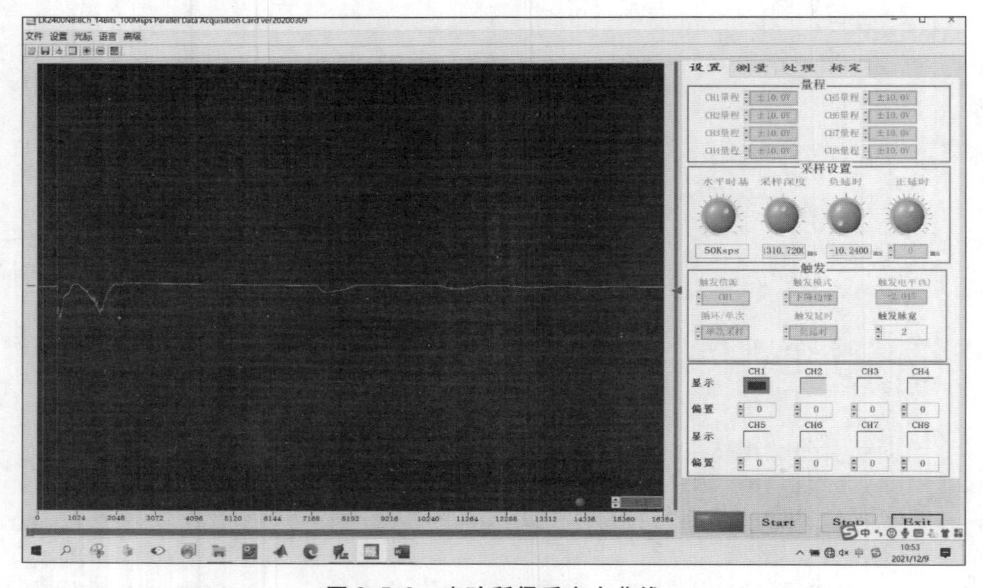

图 3. 5. 3　实验所得后坐力曲线

高速动态压力测试系统采样程序参数设置如图3.5.3右侧面板所示。采样频率即水平时基为50 ks/s；采样深度为1 310.720 0 ms；触发源选择CH1通道；触发方式为下降沿触发；触发电平为-2.045%（一般为-10%～-2%），防止曲线毛刺误触发；触发延迟为负延迟，-10.240 0 ms，负延迟是为了避免后坐力变化出现在采样程序初始采样点之前，导致采样数据缺失。

由图3.5.3可见，在曲线中有两个峰值，分别是-1.444 336和-1.693 359。第一个峰值对应枪械在火药燃气作用下向后的力，仪器放大倍数为10 mV/1 bf，取11 bf约等于4.45 N，则计算得力$F1=1.444\ 336\times 100\times 4.45=642.729\ 52$（N）$\approx 642.73$（N）；第二个峰值对应自动机后坐到位时向后作用的力，同理计算得力$F2=753.544\ 755$ N≈ 753.54 N。

3.6 膛口噪声测量实验

3.6.1 实验指导书

1. 实验目的

（1）掌握自动武器膛口噪声测试方法；

（2）学会膛口噪声实验数据的分析与处理方法；

（3）提高学生实验动手能力与分析问题的能力。

2. 实验内容

利用精密脉冲声级计测定自动步枪膛口噪声的A声级。

3. 实验原理及方法

声级计（Sound Level Meter，简称SLM）是噪声测量中最常用、最简便的测试仪器。声级计的“输入”信号是噪声客观的物理量声压，而“输出”信号，不仅是对数关系的声压级，而且最好是符合人耳特性的主观量响度级。为使声级计的“输出”符合人耳特性，应采用一套滤波器网络对某些频率成分进行衰减，将声压级的水平线修正为相对应的等响曲线，故一般声级计中，参考等响曲线，设置计权网络A、B、C三种，对人耳敏感的频域加以强调，对人耳不敏感的频域加以衰减，就可直接读出反映人耳对噪声感觉的数值，使主客观量趋于一致。本实验利用精密脉冲声级计测定自动步枪膛口噪声的 A 声级。

4. 实验仪器设备

（1）实验用枪：某弹道枪；

（2）实验用弹：某步枪弹；

（3）HS5660C 型精密脉冲声级计。

5. 实验步骤

1）架枪和安装声级计

（1）让枪身保持水平，使用水平仪测试其水平状态，并将实验用枪牢固地夹紧在射击枪架上；

（2）将 HS5660C 型精密脉冲声级计安装在支架上，距离枪口 2 m，与枪口同高；

（3）将击发线接到实验枪的发射机构上，保证能够正常击发。

2）信号的测量

本实验为实弹射击实验，实验人员必须注意安全，听从教师指挥，不得擅自操作枪支、仪器等。

（1）安全检查，确保实验用枪膛内无弹，自动机可正常工作；

（2）装好枪弹；

（3）按一下声级计复位按钮，进入待测状态；

（4）实施射击；

（5）记录测试数据；

（6）记录仪器的型号、编号、规格及实测时各按钮的状态；

（7）重复前述步骤，获取多次测试信号数据；

（8）关闭各仪器电源，整理现场，擦拭实验用枪。

6. 思考题

简要说明本实验所用的 HS5660C 型精密脉冲声级计的构成。

7. 实验报告要求

（1）实验目的；

（2）实验内容；

（3）实验原理及方法（包括实验系统框图）；

（4）实验仪器设备与条件（包括仪器状况、环境温度、环境湿度）；

（5）实验步骤；

（6）实验结果记录、信息处理与分析；

（7）思考题；

（8）实验心得体会。

3.6.2　实验数据记录与分析示例

对枪口噪声进行测试，使用 A 计权网络快速测试获得的声压级曲线及采样数据如图 3.6.1 所示。测试期间噪声最大分贝值为 129.6 dB，最小值为 29.6 dB，平均值为 105.8 dB。可见枪口脉冲噪声具有非重复性，持续时间较短。

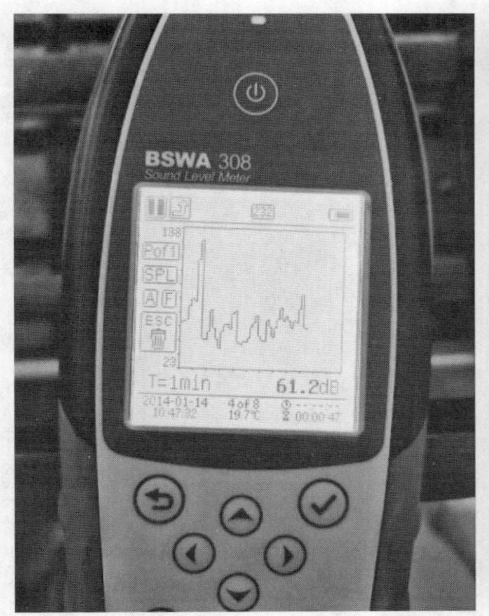

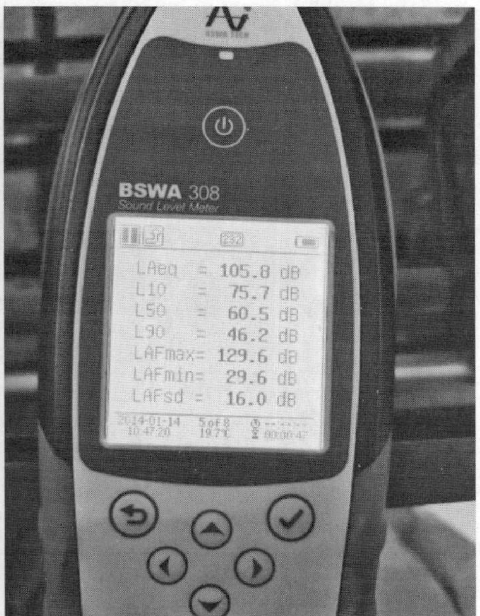

图 3.6.1　HS5660C 型精密脉冲声级计及其测量数据

3.7 枪管振动测量实验

3.7.1 实验指导书

1. 实验目的

(1) 了解测定枪管振动的基本原理与方法;

(2) 掌握枪管振动测试系统的构成与使用方法以及实验数据的处理方法;

(3) 能够结合测试结果对被测枪械枪管振动的变化规律进行分析;

(4) 提高学生实验动手能力与分析问题的能力。

2. 实验内容

利用高速摄影方法测量某机枪连发射击时的枪管振动特性。

3. 实验原理及方法

枪管振动测试的实验系统布置如图 3.7.1 所示。

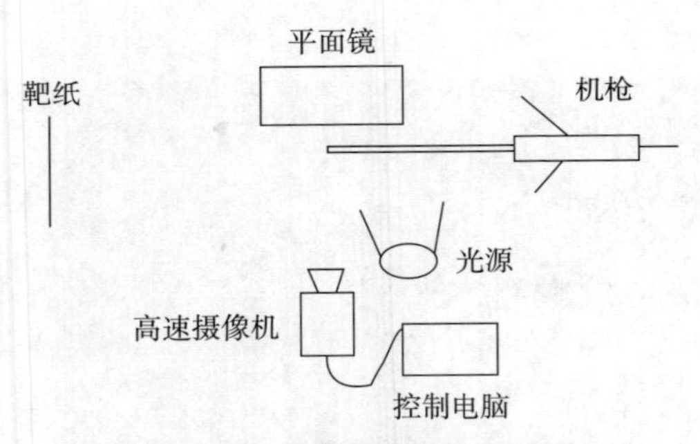

图 3.7.1 枪管振动测试的实验系统布置

枪管振动的位移和速度采用高速摄影法进行测试。在枪口位置布置标志点。高速摄像机布置在正对标志点运动平面的方向,使其拍摄平面与标志点运动平面平行。布置比例尺,使其位于标志点运动平面内,并处于摄像机的视场中。

若无法使标志点运动平面和摄像机拍摄平面平行,可以利用平面镜反射原理,通过将平面镜布置在合适的位置和角度上,使标志点的运动平面转换到与摄像机拍摄平面平行的位置。该方式也可用于同时测试枪管不同运动方向的振动规律。

标志点和比例尺的布置及平面镜布置效果如图 3. 7. 2 所示。图中上方的枪管为实像，可以测得枪管在俯仰方向上的振动特性；下方的枪管为镜像，可以测得枪管在偏航方向上的振动特性。

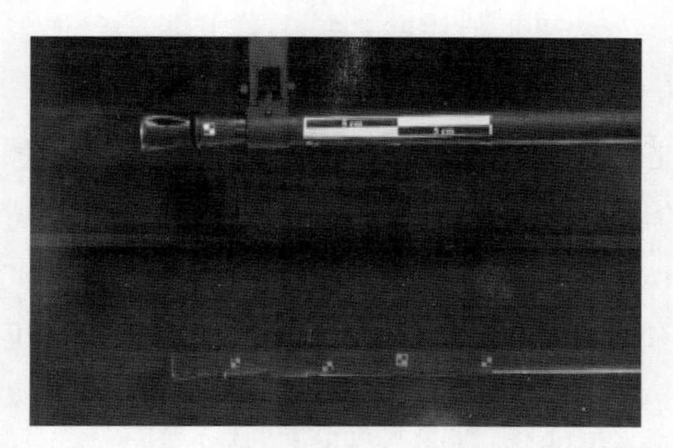

图 3. 7. 2　标志点和比例尺的布置及平面镜布置效果

在枪械射击时，用高速摄像机进行拍摄，每隔一个极短时刻记录当前标志点位置的图像信息。对比不同时刻的图像，可以得到标志点相对初始位置位移的图像信息。

图像由一个个像素点组成，故图像信息中的标志点相对初始位置位移的尺度为像素点，使用图像中的比例尺进行换算可得到实际距离。将图像信息导入后处理软件，并输入比例尺数据，可以提取出枪口标志点在每一个时刻相对于初始位置的实际位移。根据标志点每两个时刻间的位移和每两个时刻间的时间间隔，可以计算得出标志点的振动速度。

枪管振动测试系统组成框图如图 3. 7. 3 所示。

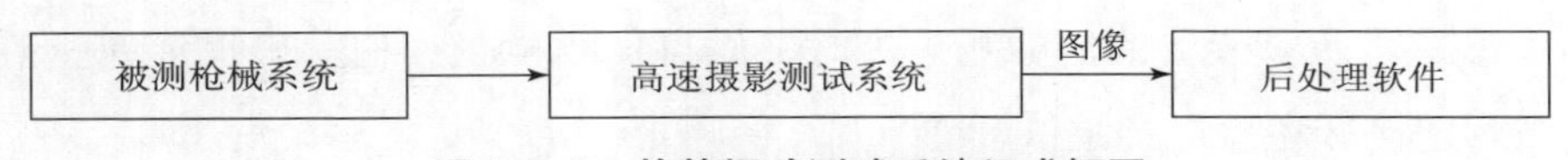

图 3. 7. 3　枪管振动测试系统组成框图

4. 实验仪器设备

（1）实验用枪：某通用机枪；

（2）实验用弹：某机枪弹；

（3）实验用专用枪架；

（4）高速摄像机：Phantom v2511 型 1 台；

（5）其他器材：光源、标志点、比例尺、平面镜等。

5. 实验步骤

1）架枪和布置高速摄影系统

（1）让枪身保持水平，使用水平仪测试其水平状态，并将实验用枪牢固地夹紧在射击枪架上；

（2）布置标志点和比例尺：采用贴纸式标志点和比例尺，标志点粘贴在枪口末端，比例尺可粘贴在枪管上，确保二者均处于需要测试的运动方向所在的平面内；

（3）布置高速摄像机和光源：将高速摄像机布置在正对标志点运动平面的方向上，使拍摄平面与标志点运动平面平行，距离以接近镜头最短对焦距离为佳，光源布置尽量接近标志点和比例尺，确保提供足够光照量，同时避免在拍摄画面中遮挡标志点和比例尺，以及避免造成反光，上述设备的布置均应该避开枪械侧面抛壳区域，以及枪械前方射击和冲击波影响区域；

（4）若要同时测得枪口俯仰方向和偏航方向振动，可在枪口位置布置平面镜，使高速摄像机正对俯仰方向所在平面，将平面镜以与该平面呈 45°角布置，将偏航方向运动平面的镜像转换与俯仰方向所在平面平行；

（5）将击发线接到实验枪的发射机构上，保证能够正常击发。

2）按照测量系统方框图进行连线

（1）根据测试系统组成框图依次连接各个仪器，注意不要混淆各仪器的信号输入线及输出线；

（2）将所有仪器的信号线连接好之后再仔细检查一遍，确保连线正确，并注意连接好各仪器的地线。

3）各仪器的调节

（1）检查各仪器的初始状态是否正确，检查各仪器的电源线连接是否正确，确认无误后，方可打开各测量仪器的电源开关，对仪器进行预热，预热时间为 5 ~ 10 min。

（2）通过控制软件对高速摄像机的参数进行调试。

①调整采样频率，确保数据不失真，采样频率估算方法如下：根据被测物体估计运动速度及运动距离，计算出完成运动所需时间，用合适的采样点数量和时间计算得出所需采样频率。枪管振动测试可参考采样频率为 10 000 帧/s。

②调整曝光时间和镜头光圈：曝光时间过长会导致画面出现拖影现象，应在保证画面亮度足够的情况下尽量选小。镜头光圈过大会导致景深不足，应在满足进光量的同时尽量选小。曝光时间可参考为 20 μs，光圈可参考为 2. 8。

③调整视场大小和画幅：为了保证测试精度，应使被拍摄物体及其运动空间尽量占满视场。为了减少不必要的数据存储，应在摄像机控制软件中切割画幅，去除不需要的区域。图像分辨率可参考为 768 × 680。

（3）运行控制软件，检查高速摄影系统是否正常工作，且能在主控电脑上接收并存储高速摄像机拍摄的画面。

4）枪管振动测量

本实验为实弹射击实验，实验人员必须注意安全，听从教师指挥，不得私自操作枪支、仪器等。

（1）安全检查，确保实验用枪膛内无弹，自动机可正常工作。

（2）打开光源，取下高速摄像机镜头盖，在控制软件中检查画面是否正常；如不正常，刷新画面，重开软件或检查信号线。

（3）调整高速摄影系统参数，检查软件可否正常拍摄及存储画面，然后使控制软件处于待拍摄状态。

（4）装好枪弹。

（5）运行控制软件，开始拍摄。

（6）实施五连发射击，射击完后检查枪膛，确保无弹。

（7）检查拍摄的图像是否正常，若有异常，则根据信号分析原因，重新检查测试仪器；若信号正常，则截取合适的视频数据进行保存。

（8）使用后处理软件对图像进行处理，提取枪管振动的位移和速度曲线。

（9）记录仪器的型号、编号、规格；

（10）关闭各仪器电源，整理现场，擦拭实验用枪。

6. 思考题

（1）测试枪管振动及其变化规律对枪械的分析研究、改进创新有何意义？

（2）根据实验曲线分析枪管振动及其变化规律。

（3）影响枪管振动测试精度的因素有哪些？如何提高枪管振动测试精度？

7. 实验报告要求

（1）实验目的；

（2）实验内容；

（3）实验原理及方法（包括实验系统框图）；

（4）实验仪器设备与条件（包括仪器状况、环境温度、环境湿度）；

（5）实验步骤；

（6）实验结果记录、信息处理与分析；

（7）思考题；

（8）实验心得体会。

3.7.2 实验数据记录与分析示例

建立坐标系如下：以枪口指向为 x 轴正方向，垂直向上为 y 轴正方向，根据右手法则确定 z 轴正方向。

实验用机枪进行五连发射击后，处理提取得到的枪口振动曲线如图 3.7.4 和图 3.7.5 所示。

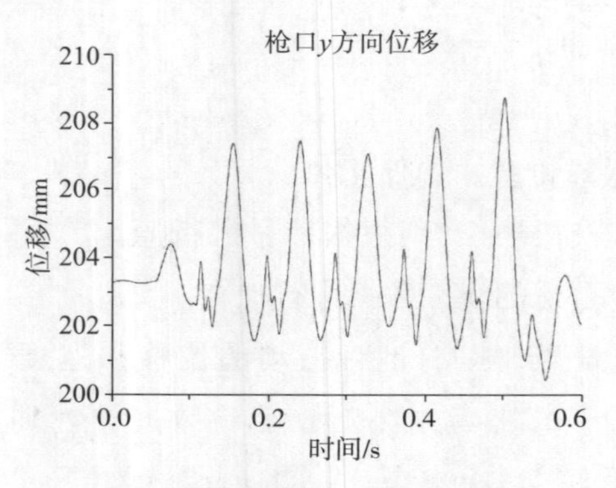

图 3.7.4 枪口 y 方向位移

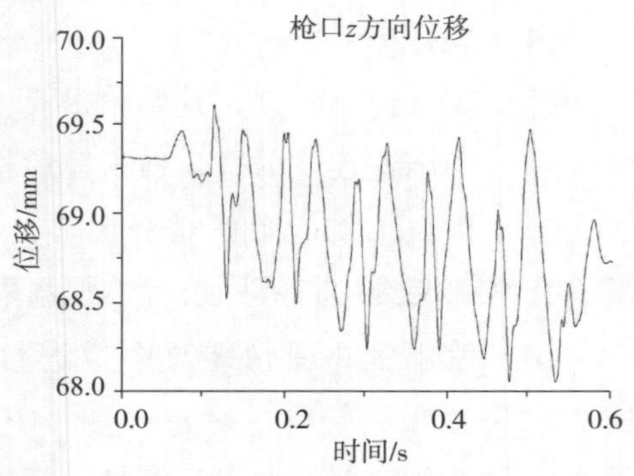

图 3.7.5 枪口 z 方向位移

如图所示，机枪枪口的位移具有明显的周期性，振动周期约为 690 发/min，与机枪射频一致。对于 y 方向振动位移，每个周期中，都先有两个较小的波峰，然后有一个较大的波峰，枪口位移最大振幅约为 6 mm。对于 z 方向位移，每个周期中，有两个大小较为接近的波峰，枪口位移最大振幅约为 1. 1 mm。对于 y 方向和 z 方向，射击前后枪口位置都有一定偏移，y 方向偏移约为 1 mm，z 方向偏移约为 0. 5 mm。

通过位移曲线处理得到的枪口振动速度曲线如图 3. 7. 6 和图 3. 7. 7 所示。

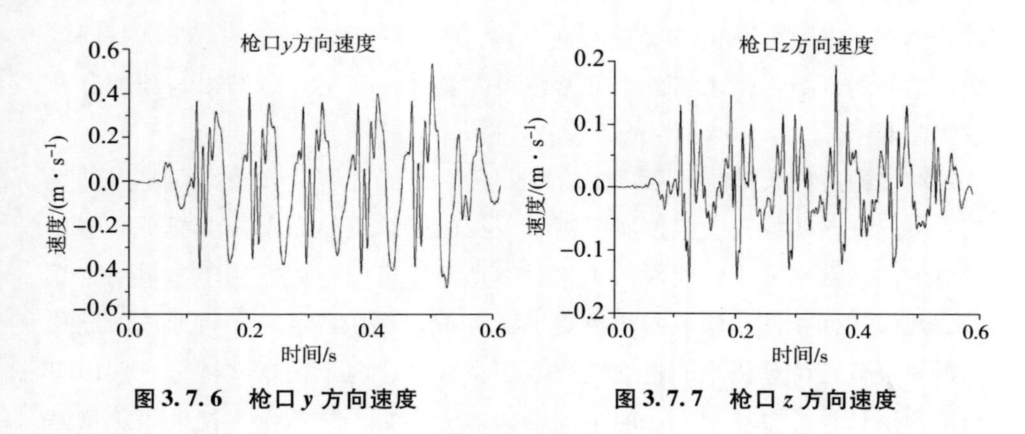

图 3. 7. 6　枪口 y 方向速度　　**图 3. 7. 7　枪口 z 方向速度**

枪口速度响应具有与位移相同的周期性，且速度曲线与位移曲线的特征有明显的对应关系。对于 y 方向速度，速度的波动范围为 -0. 4 ~0. 5 m/s。对于 z 方向，速度的波动范围为 -0. 1 ~0. 2 m/s。

3. 8　枪械模态测量实验

3. 8. 1　实验指导书

1. 实验目的

（1）了解测定枪械模态的基本原理与方法；

（2）掌握枪管模态测试系统的构成与使用方法以及实验数据的处理方法；

（3）提高学生实验动手能力与分析问题的能力。

2. 实验内容

采用多点激励、单点拾振的锤击法对某通用机枪在砂土地面上的约束模态进行测量。

3. 实验原理及方法

模态实验动态测试系统由以下几部分组成：激振部分、信号测量与数据采集部分、信号分析与频响函数估计部分。

1）激振部分

激振系统的作用在于给机构施加一定的力来激发出所需频率范围内的各阶模态，激振方法的选择主要包括激励信号的确定与激励方式的选择，激励信号的选择在模态实验中非常重要，选择不当会导致结果与预期存在较大差距。

对结构进行激振前，需要在结构上选取坐标系统，合理布置测点并编号。实验测点的数量应根据实际需求，在保证求出模态参数前提下布置尽量少的测量点来减小实验时的工作量。在计算机中建立好用于显示结构图形的几何数据文件并输入各个测点的坐标值，连接各测点，将形成的结构图形轨迹输入计算机中，建立轨迹数据文件。这两个数据文件分别用以显示结构形状与模态振型。一般根据结构的大小来确定激振方法，中小型结构通常采用单点激振，大型机构采用多点激振。常用的激振设备有力锤与激振器。采用力锤进行激振时，常将传感器固定在结构上的某个位置，逐次改变敲击点的位置，进而获得频响函数中的一行或多行数据。采用激振器时，需要不断地装拆夹具移动实验支架，操作起来较为不便，故一般固定激振点的位置不变，从而获得频响矩阵中的一列或多列元素。根据采用不同的激振力函数，可以将激振方法分成以下几种：正弦扫描激振、纯随机激振、伪随机激振、冲击激振等。本实验采用冲击激振方法，是使用含有力传感器的力锤进行激振，产生脉冲信号，通过改变锤头材料来改变脉宽。本方法因实验设备较为简单、耗时短、泄漏小而得到广泛应用，但其对结构的非线性影响较敏感。

2）信号测量与数据采集部分

测量与采集系统是用来测量振动信号，并将所测模拟量转换为数字量的，它是模态实验中不可缺少的一部分。模态实验中测量的是激振力与振动响应。激振力作为输入信号，用力传感器进行测量。系统输出的一般是各测点的位移，采用速度或加速度传感器进行测量。力传感器是最简单的压电晶体传感器，在其内部，两块压电材料的负极分别与壳体相接，正极则相互联结。壳体将所受的压力传给压电材料，这时压电材料产生与其压力成正比的电荷量。压电式力传感器常用来测量激振力有很宽的工作频段，能在低至零点几赫兹，高达数十千赫兹的范围内工作。力传感器灵敏度高、动态范围大，小能测零点零几牛顿，大能测数万牛顿的力，而其自身质量最小的只有数克甚至零点几克。加速度计内晶体所感受的不是其外壳所受的压力，而是其内部质量块运动时产生的惯性力，属于间接式测量传感器。

3）信号分析与频响函数估计部分

信号分析与频响函数估计部分一方面对测量数据进行记录并处理，例如经过处理得到结构的频率响应；另一方面是从测量得到的频响函数中导出并确定模态参数，包括频率、阻尼与振型。该部分需用到信号处理分析仪来将模拟信号转换为一系列的数字值。

对测量的输入输出数据进行数字信号的处理主要有以下三方面的原因：首先由于测得的数据量很大，远远超过了想要获得的数据量，因此压缩数据是进行数字信号处理的一个目的；其次，在模态参数估计的过程中所用到的测量都是估计值，所以这部分也用到了许多信号处理方法；最后，信号处理可以用来减小在测量过程中产生的噪声影响。

基于以上，枪械模态实验系统主要由以下几部分组成：

信号激励系统：PCB 公司 086C01 型力锤（包括力传感器）；

信号测量系统：东华测试 IEPE 压电式加速度传感器，型号 1A321；

信号处理分析系统：DHDAS 动态信号采集分析系统。枪械模态实验系统如图 3.8.1 所示。

4. 实验仪器设备

（1）实验用枪：某通用机枪；

（2）信号激励系统：PCB 公司 086C01 型力锤（包括力传感器）

（3）信号测量系统：东华测试 IEPE 压电式加速度传感器，型

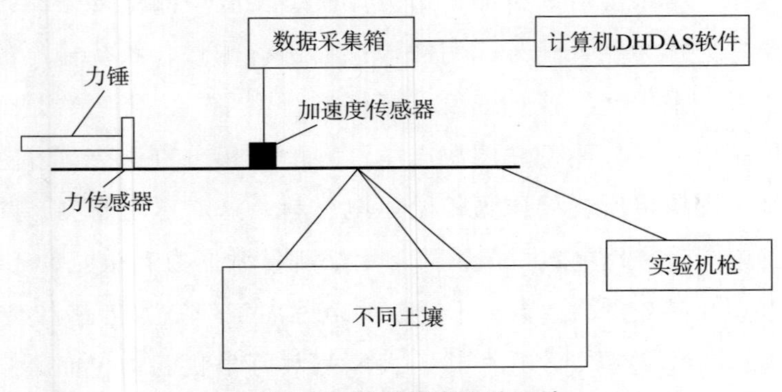

图 3.8.1 枪械模态实验系统

号 1A321；

（4）信号处理分析系统：DHDAS 动态信号采集分析系统；

（5）其他器材：砂土。

5. 实验步骤

1）测点的确定

将枪械稳定放置在砂土地面上，通过分析理论模型获得机枪振型，得到机枪振动最明显的地方在枪管与机匣连接处，在某普通机枪枪身上布置了 7 个激励点，选取第四点为拾振点。

2）仪器的连接

按实验系统框图连接仪器，将力锤上的力传感器接入数据采集箱的一通道，压电加速度传感器接到数据采集箱的二通道。

3）仪器的调节

打开仪器电源，启动 DHDAS 控制分析软件，选择分析/频响函数分析功能。对软件参数进行设置。用力锤敲击各个测点，观察有无波形，如果有一个或两个通道没有波形或波形不正常，就要检查仪器是否连接正确，传感器、仪器的工作是否正常等，直至波形正常为止。使用适当的敲击力敲击各测点，调节量程范围，通道里的波形和响应的波形既不过载也不过小。

4）数据采集

每次敲击后要先判断敲击信号和响应信号的质量后再进行保存，判断的标准为力锤信号无连击，信号无过载。移动敲击时，当力锤移动到其他点进行敲击测量时，必须相应地修改力锤通道模态信息的测点编号。

5）数据预处理

采样完成后，对采样数据重新检查并再次回放计算频响函数数据。对一通道的力信号加力窗，对响应信号加指数窗。设置完成后，回放数据重新计算频响函数数据。

6）模态分析

输入模型的长宽参数以及分段数、测点号进行几何建模；再将实验得到的每个测点的频响函数数据读入模态软件，选择单点拾振测量方式；选择一个频段的数据，单击参数识别按钮搜索峰值，计算频率、阻尼及振型。

7）振型编辑

模态分析完毕以后可以观察、打印和保存分析结果，也可以观察模态振型的动画显示。

8）实验结束

实验结束后关闭各仪器电源，整理现场，擦拭实验用枪。

6. 思考题

（1）测试枪械模态对枪械的分析研究、改进创新有何意义？

（2）实验中哪些因素会对模态的测量结果产生影响？

7. 实验报告要求

（1）实验目的；

（2）实验内容；

（3）实验原理及方法（包括实验系统框图）；

（4）实验仪器设备与条件（包括仪器状况、环境温度、环境湿度）；

（5）实验步骤；

（6）实验结果记录、信息处理与分析；

（7）思考题；

（8）实验心得体会。

3.8.2 实验数据记录与分析示例

本实验采用的是多点激励、单点拾振的方式，测点布局如图 3.8.2 所示。

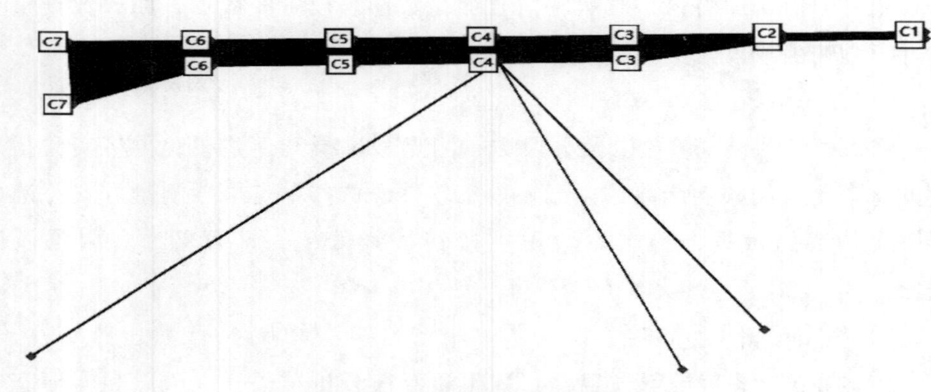

图 3.8.2 枪械测点布局

本实验采用的是型号为 DH5922N 的数据采集箱，该设备有 32 个通道。由于本实验采用多点激励、单点拾振的方法，想获得机枪在不同土壤上的水平与垂直方向的前三阶模态，只需用到两通道。力锤接入一通道作为输入信号，加速度传感器作为输出信号连接二通道。根据力传感器与加速度传感器的具体参数表，可以在软件中对第一、二通道做出如下设置。采样频率为2.56 kHz，输入方式为IEPE，力传感器的灵敏度为11.67 mV/N，加速度传感器 X 方向的灵敏度为 9.955 mV/g，Z 方向的灵敏度设为 9.982 mV/g。当进行水平方向测量时，将加速度传感器的 X 接口接在二通道上，当进行垂直方向测量时，将加速度传感器的 Z 接口接在二通道上，并设置好对应参数。将机枪架设在砂土地面上进行锤击试验，软件测量界面共设置了 4 个窗口，分别记录力锤的输入信号、加速度传感器的响应信号、频响函数以及相干函数。频响分析方法为取 3 次实验平均值。

图 3.8.3、图 3.8.4 是某通用机枪在砂土上，第一点敲击，第四点测量垂直与水平方向的频响函数与相干函数，可以看出在低频段的相干性较好，故可以认为测试结果在低频段是可信的。

表 3.8.1 为某通用机枪在砂土上的前三阶模态结果。

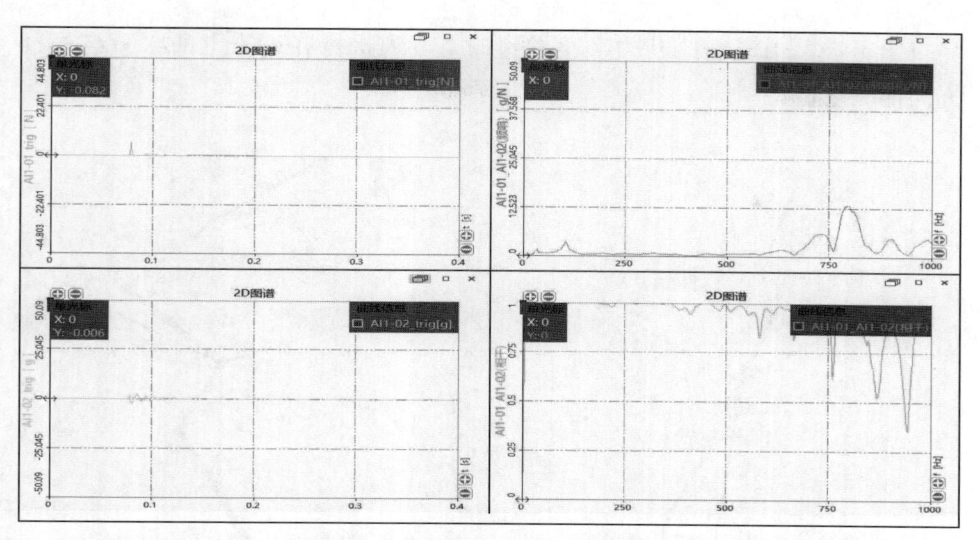

图 3.8.3　第一点锤击第四点测量 Z 方向（垂直）的频响函数相干函数

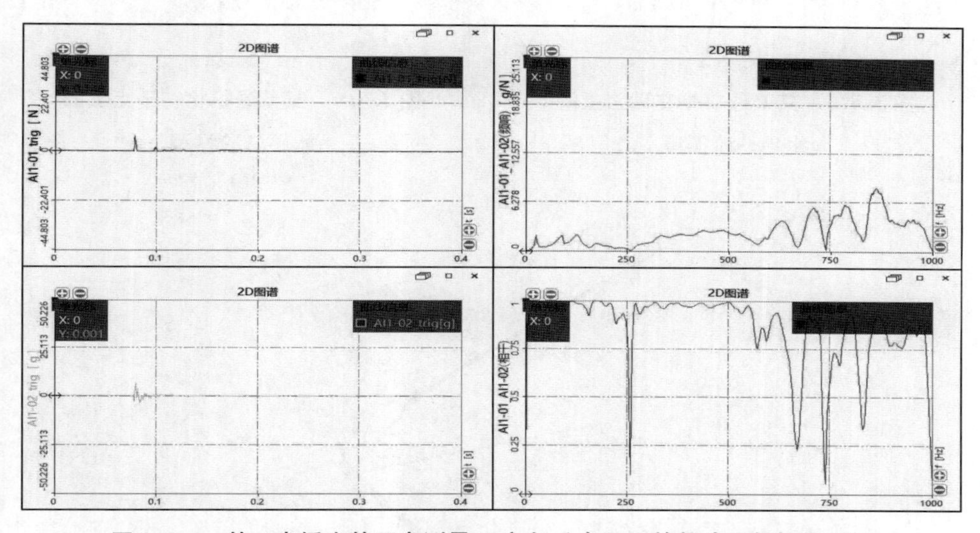

图 3.8.4　第一点锤击第四点测量 X 方向（水平）的频响函数相干函数

表 3.8.1　某通用机枪在砂土上的前三阶模态结果

方向	固有频率/Hz		
	一阶	二阶	三阶
垂直	30.497	62.371	112.29
水平	25.501	54.813	94.353

图 3. 8. 5 ~ 图 3. 8. 10 为实验得到的某普通机枪在砂土上的水平与垂直方向前三阶振型图。

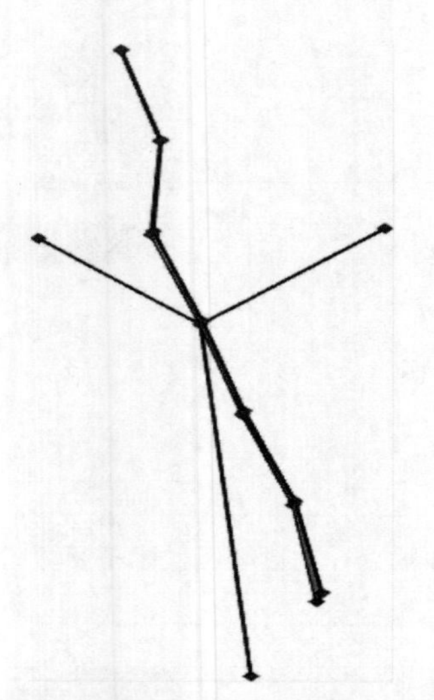

图 3. 8. 5　某普通机枪在砂土上的水平一阶振型

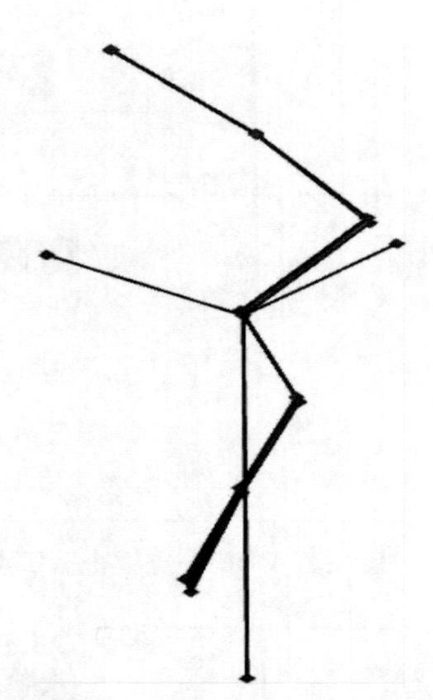

图 3. 8. 6　某普通机枪在砂土上的水平二阶振型

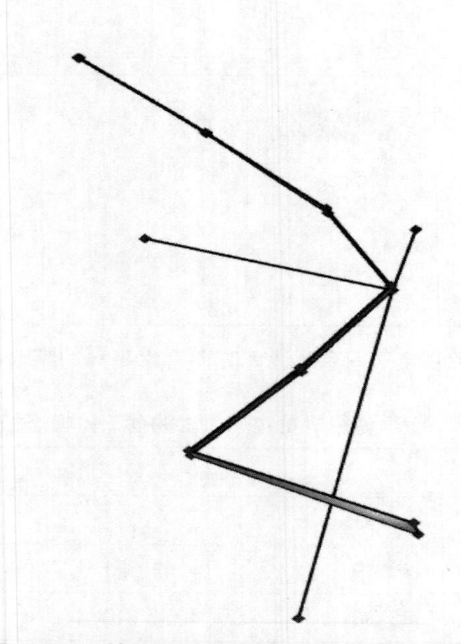

图 3. 8. 7　某普通机枪在砂土上的水平三阶振型

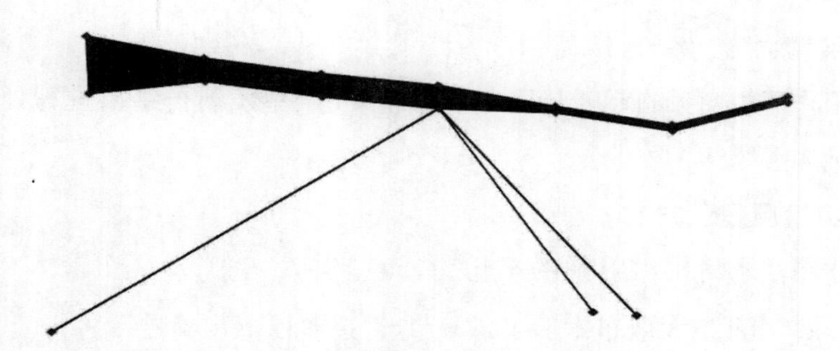

图 3.8.8　某普通机枪在砂土上的垂直一阶振型

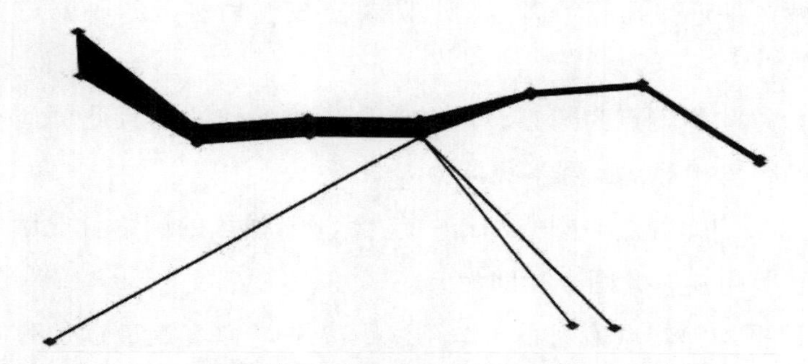

图 3.8.9　某普通机枪在砂土上的垂直二阶振型

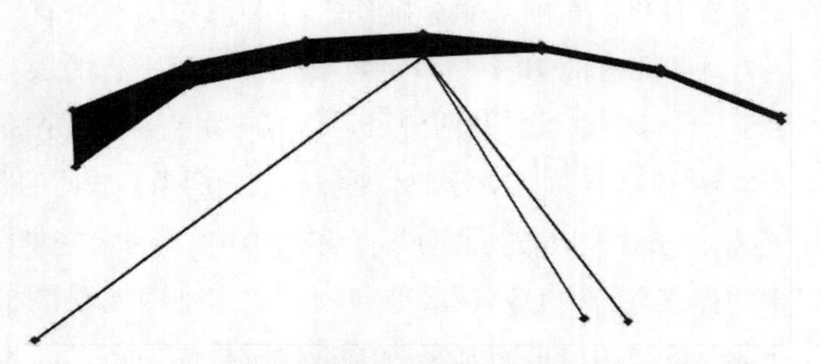

图 3.8.10　某普通机枪在砂土上的垂直三阶振型

3.9　枪械射击精度实验

3.9.1　实验指导书

1. 实验目的

掌握枪械射击精度的数据处理方法。

2. 实验内容

利用作图法对某自动步枪平射状态下 10 次单发射击结果进行处理，得到射弹散布参数 R_{50}。

3. 实验原理及方法

用作图法求解每组射弹的平均弹着点坐标、R_{50}、R_{80}、R_{100}、70% 密集界（C_y，C_z）及最大散布矩形（$L_y \times L_z$），按照以下步骤进行：

（1）用水平和垂直两条直线将总弹孔数在高低和方向上等分并使每条直线与其两侧最近弹孔等距离，则此两条直线（后称散布轴）的交点即为平均弹着点；

（2）以平均弹着点为圆心，作一包含半数弹孔的圆且此圆周与其内外最近弹孔的距离相等，此圆半径即为 R_{50}；

（3）以平均弹着点为圆心，作一包含 80% 弹孔的圆，且此圆周与其内外最近弹孔等距离，此圆半径即为 R_{80}；

（4）以平均弹着点为圆心，作经过距离平均弹着点最远的弹孔外缘的圆，此圆半径即为 R_{100}；

（5）在水平和垂直散布轴两侧分别作平行于散布的两条直线，使两条直线间弹孔数为总弹孔数的 70%，并使两条直线与所平行的散布轴间所包含的弹孔数相等，且每条直线与其两侧最近弹孔等距离，则此两条直线间的距离为 70% 密集界（C_y，C_z），平行于水平散布轴的两条直线间的距离为高低密集界（C_y），平行于垂直散布轴的两条直线间的距离为方向密集界（C_z）；

（6）以平均弹着点为中心，在水平和垂直散布轴两侧距散布轴最远的弹孔外缘分别画两条与相应散布轴平行的直线所构成的矩形即为散布矩形（$L_y \times L_z$）。

密集度实验时，某一距离全部有效射击组数中脱靶和意外弹的组数不超过 20%，否则补试；剔除反常弹或意外弹后的弹孔数不少于该组射弹数的 90%，否则该组无效。

反常弹的判别与剔除按照以下方法：

（1）实验中，发现某一弹孔远离其他弹孔（称为可疑弹），如果能确定其远离的原因，则可以直接剔除；如果原因不明确，则可以采用作图法或解析法进行判别，如判定为反常弹后，应剔除。

（2）采用作图法判定时，首先确定出除可疑弹外其他弹孔的平均弹着点，求出R_{100}（不含可疑弹）以及可疑弹到平均弹着点的距离d，如果$d > 2R_{100}$，则判定该可疑弹为反常弹，否则为正常弹。

4. 实验仪器设备

（1）实验用枪：某自动步枪；

（2）实验用弹：某步枪弹；

（3）实验用专用枪架；

（4）其他器材：水平仪、靶纸、靶架等。

5. 实验步骤

1）架枪和布置地面立靶

（1）让枪身保持水平，使用水平仪测试其水平状态，并将实验用枪牢固地夹紧在射击枪架上；

（2）在100 m射击距离处立靶，靶面应垂直竖立且基本垂直于射向；

（3）将击发线接到实验枪的发射机构上，保证能够正常击发。

2）实施射击

本实验为实弹射击实验，实验人员必须注意安全，听从教师指挥，不得私自操作枪支、仪器等。

（1）安全检查，确保实验用枪膛内无弹，自动机可正常工作；

（2）每组射击过程中不允许重复架枪，以保证射击条件的一致性，每组射击过程中可以重新修正瞄准，每次重新架枪后可射击一组弹稳枪；

（3）装好枪弹；

（4）实施10次单发射击，射击完后检查枪膛，确保无弹；

（5）实验结束后，整理现场，擦拭实验用枪。

3）数据录取与处理

（1）射击结束后，标记每组弹孔，记录枪号、枪管号、组序、有效弹孔数、射击时间、气象条件、射手姓名等；

（2）按照反常弹的判别与剔除方法，剔除反常弹或意外弹后的弹孔数不少于该组射弹数的90%，否则该组无效；

（3）按照作图法求解射弹散布特性参数。

6. 思考题

实验中有哪些因素会对射击精度产生影响?

7. 实验报告要求

（1）实验目的；

（2）实验内容；

（3）实验原理及方法（包括实验系统框图）；

（4）实验仪器设备与条件（包括仪器状况、环境温度、环境湿度）；

（5）实验步骤；

（6）实验结果记录、信息处理与分析；

（7）思考题；

（8）实验心得体会。

3.9.2 实验数据记录与分析示例

测量某自动步枪 100 m 距离单发射击精度，共进行 10 次单发射击，结果如图 3.9.1 所示，利用作图法得到某自动步枪 100 m 距离 R_{50}为 5.3 cm。

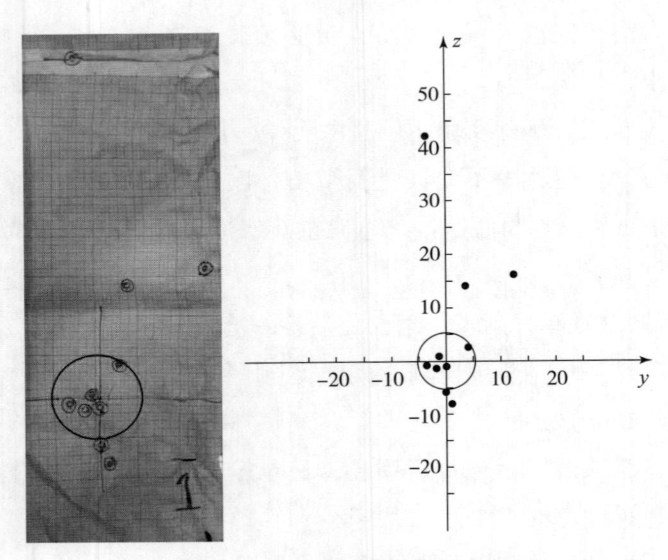

图 3.9.1 射击结果及数据处理

第 4 章

自动武器创伤弹道模拟实验

4.1　明胶制备实验

4.1.1　实验目的

了解弹道明胶的制备过程及方法。

4.1.2　实验内容

实验中常使用质量分数为 10% 的明胶来模拟人体肌肉的动态响应，本实验利用水浴锅和方形模具进行一定质量分数的弹道明胶的制备。

4.1.3　实验原理

明胶（gelatin）是从动物皮肤、结缔组织和骨头中提取的一种胶原蛋白。将明胶与水按一定比例混合后，经特定的工艺即可制成用于轻武器终点效应实验的弹道明胶（ballistic gelatin）。实验中常使用的明胶质量分数为 10%，其动态力学性能接近人体肌肉组织。

4.1.4　实验仪器设备

（1）水浴锅；

（2）方形模具；

（3）明胶颗粒；

（4）冰箱；

（5）电子秤、搅拌棒、塑料袋等。

4.1.5 实验步骤

明胶靶标制作流程如图 4.1.1 所示。明胶的具体制作步骤如下：

(1) 在水浴炉外围加入适量水，设置温度为 60 ℃；

(2) 按配比 1∶9 称取所需质量的水加入水浴锅中，等候水温达到设定温度；

(3) 按配比 1∶9 称取所需的明胶颗粒，分批陆续加入水浴锅中，加入过程需搅拌；

(4) 等待明胶颗粒熔化，其间不时搅拌，使溶液均匀受热，以加速明胶颗粒熔化并防止明胶颗粒沉淀；

(5) 等到明胶颗粒完全熔化，明胶溶液变得清晰时，将溶液浇注进方形模具中，撇去浮沫，静置至温度降至室温；

(6) 冷却后的明胶连同模具放在恒温箱中，将温度设定为 4 ℃，并且加湿恒温箱，以减少水分蒸发；

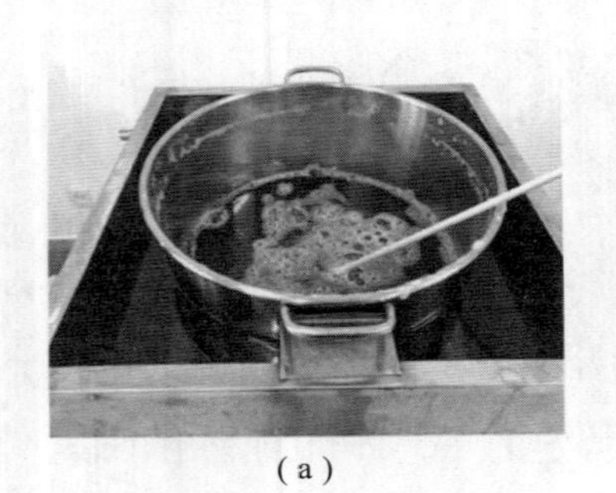

(a)

(b)

(c)

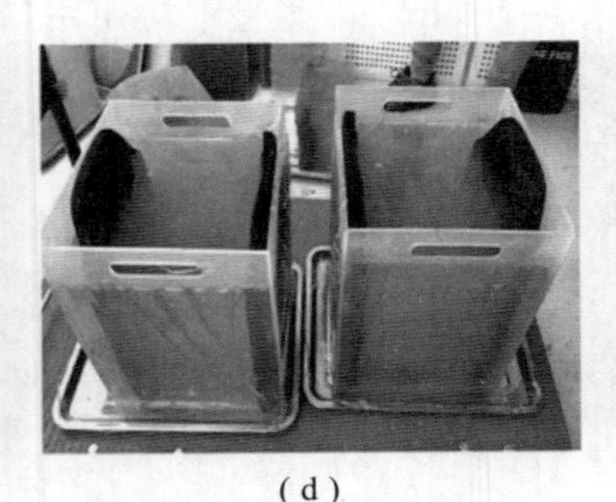

(d)

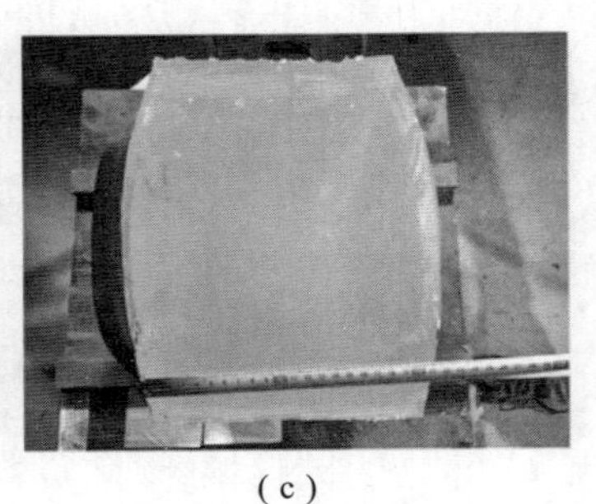

(c)

图 4.1.1　明胶靶标制作流程

(a) 熬制明胶；(b) 注模；(c) 恒温冷藏；(d) 脱膜前；(e) 脱模后

（7）人体明胶模型在 4 ℃冷藏后，明胶外表面与注模箱内表面之间有防水层脱模，最终得到仿生明胶人体模拟靶标。

4.1.6　思考题

（1）熬制明胶过程中，搅拌棒不时搅拌的作用是什么？

（2）为什么制备的明胶要尽快使用？

4.1.7　实验报告要求

（1）实验目的；

（2）实验内容；

（3）实验原理及方法（包括实验系统框图）；

（4）实验仪器设备与条件（包括仪器状况、环境温度、环境湿度）；

（5）实验步骤；

（6）实验结果记录、信息处理与分析；

（7）思考题；

（8）实验心得体会。

4.2　步枪弹侵彻明胶靶标空腔演化规律实验

4.2.1　实验指导书

1. 实验目的

（1）了解步枪弹侵彻明胶靶标过程中瞬时空腔的演化规律；

（2）掌握明胶靶标内瞬时空腔直径数据的采集与分析方法。

2. 实验内容

本实验主要开展某步枪弹侵彻明胶靶标的侵彻效应测量，采用高速摄影技术获取侵彻明胶靶标过程中瞬时空腔直径数据。

3. 实验原理

1）瞬时空腔效应

瞬时空腔是具有足够能量的高速杀伤元对机体的一种特殊作用形式，

通常称之为“瞬时空腔效应”，是高速投射物（弹丸、破片等）侵彻组织时所发生的一种变化迅速的物理现象，组织因局部受力而导致剪切撕裂，并沿裂纹膨胀。实验表明，瞬时空腔使得弹道周围的明胶发生拉伸破坏，这被认为是创伤效应中最大的影响因素之一。观察实验高速摄影可以发现：弹头在进入明胶后先稳定飞行一段距离，随后发生失稳翻滚甚至破碎，在弹丸翻滚位置处形成一个巨大的类球形空腔。一般地，弹头进入明胶后翻转角度小于10°时的侵彻过程称为窄伤道过程（如图4.2.1所示）。随后弹头发生明显失稳翻滚，并将大量动能传递给明胶，造成明胶内产生剧烈的瞬时空腔运动，此过程称为能量释放过程（如图4.2.2所示）。目前空腔的形成原理尚不十分清楚，但公认空腔的大小取决于投射物传递给组织的能量的多少，是研究枪弹杀伤效应和衡量枪弹杀伤威力的重要物理量。

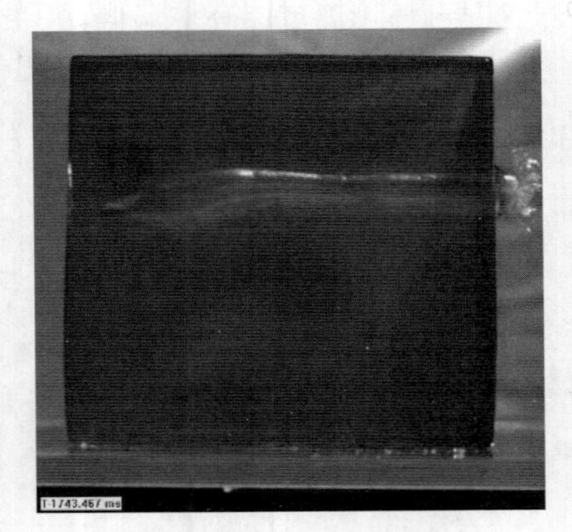

图4.2.1　窄伤道过程

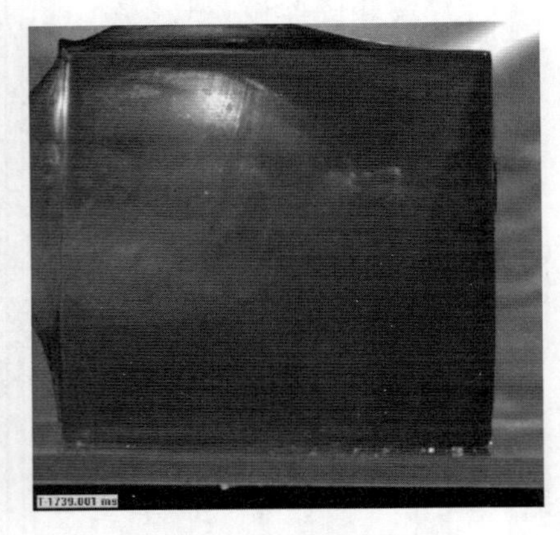

图4.2.2　能量释放过程

2）高速摄影技术

高速摄影是人眼视觉能力在时间分辨能力方面的延伸，其因使用方便、实时性强、图像数据易于保存处理等优点而被广泛应用于各种高速现象的研究，现已成为弹道实验研究中不可缺少的测试技术。在轻武器杀伤元侵彻明胶靶实验中，利用高速摄影可以记录下杀伤元与明胶靶之间完整的作用过程，对于研究杀伤元在明胶靶中的运动规律和瞬时空腔的演化规律等具有重要意义，为评估杀伤元威力提供了数据依据。

高速摄影测量系统主要由光源、同步触发装置、刻度尺、摄像机和图像处理及测量软件组成（如图 4.2.3 所示），光源的选择直接影响到测量精度，因此对比分析室内和室外的测量效果，实验最终选择室外光线条件优良的情况下进行拍摄；同步触发装置利用光幕靶的Ⅱ靶，弹丸经过时输出脉冲信号触发高速摄影；刻度尺选择Ⅰ级钢卷尺作为标尺；高速摄像机选择美国 Phantom710。

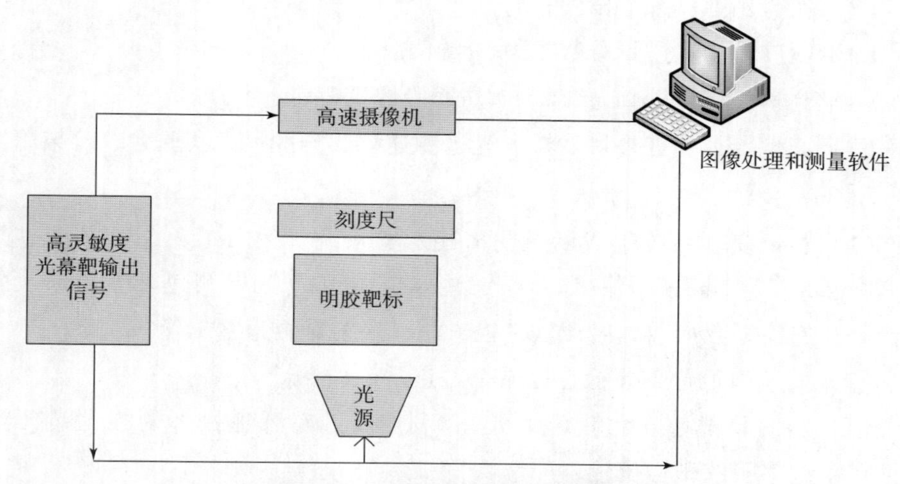

图 4.2.3　高速摄影测量系统组成

为了保证测量精度，对高速摄影系统的布设位置和标定方法进行了设计。实验前架设弹道枪和布置高速摄影，两部高速摄像机正交摆放，分别处于实验台的水平方向和正下方，实验台台面为透明有机玻璃。待弹道枪安装好以后在实验台中央布置明胶，利用安装在弹道枪上的激光瞄准器的标线来调整明胶靶标位置，保证其中心线与弹道线重合。高速摄影的拍摄频率为 100 000 帧/s，曝光时间 10 μs，图像分辨率为 512 × 512（像素），拍摄时长为 100 ms。拍摄后的图像在 Phantom 软件下进行处理，并利用测量模块对典型时刻的空腔直径进行测量。为了保证测量精度，对高速摄影系统的布设位置和标定方法进行了设计。水平方向高速摄像机布设在靶体侧方 1.5 ~ 2 m 距离处；垂直方向高速摄像机布设在下方 0.5 ~ 1 m 距离处。摄像系统光学视轴与弹道方向垂直，保证明胶靶标迎弹面与摄像系统垂直方向成像平面平行。在靶标位置确定好以后布放高速摄像机，然后进行调焦，保证靶标在镜头视野范围内和画面的清晰度。实验布置完成后，在明胶块上方水平放置钢直尺，高速摄像机进行静态标定拍摄，确定像素间的实际距离。

4. 实验仪器设备

（1）实验用枪：某弹道枪；

（2）实验用弹：某步枪弹；

（3）明胶靶标：质量分数为10%的明胶；

（4）高速相机：Phantom v2511 高速摄像机2台；

（5）其他器材：红外触发器、光电测速靶、刻度尺、实验台、枪架等。

5. 实验步骤

（1）按照实验系统组成示意图搭建实验系统，按图4.2.3中位置布置好 Phantom v2511 高速摄像机、红外触发器、电脑、光电测速靶、光源、实验台等，连接好数据线，启动软件检查测试系统是否正常工作；

（2）安装弹道枪，并检查枪械是否正常工作；

（3）将明胶靶标布置在实验台上，利用安装在弹道枪上的激光瞄准器的标线来调整明胶靶标位置；

（4）在靶标位置确定好以后调整高速摄像机位置，进行调焦，保证靶标在镜头视野范围内和画面的清晰度，设置高速摄影拍摄参数；

（5）将实验所应用的测试设备均调至待触发模式，并与触发同步系统相连接，检查触发正常，再将所有系统调至待触发状态，等待实验进行；

（6）按照实验安全规范，专人射击，专人供弹，枪弹分别由不同人保管，并且每次只提供1发弹，实验操作人员发出“准备”指令后，射手进行装填；

（7）实验操作人员发出“开始”指令后，射手进行瞄准并进行单发射击，击发后，软件会自动触发并实时记录弹丸侵彻明胶靶标相关数据；

（8）射击结束，射手验枪，确保实验安全；

（9）验枪后，记录实验的组号、时间、速度、环境条件等相关信息，并且拍照记录靶标状态，同时，对采集到的高速摄影信息进行截取存储。

6. 思考题

（1）根据实验数据分析明胶靶标侵彻后瞬时空腔直径的变化规律。

（2）研究明胶靶标侵彻后瞬时空腔直径的变化规律对改进步枪弹的侵彻能力有何意义？

7. 实验报告要求

（1）实验目的；

（2）实验内容；

（3）实验原理及方法（包括实验系统框图）；

（4）实验仪器设备与条件（包括仪器状况、环境温度、环境湿度）；

（5）实验步骤；

（6）实验结果记录、信息处理与分析；

（7）思考题；

（8）实验心得体会。

4.2.2　实验数据记录与分析示例

实验中采用 4 ℃，10% 浓度配比，尺寸为 300 mm × 300 mm × 300 mm 的明胶块作为模拟靶标，放置时靶标的中心线与弹道方向重合。实验中选用某 7.62 mm × 39 mm 步枪弹为杀伤元，使用弹道枪发射，分别进行三发实验，每发对应一块新的明胶。

三组 7.62 mm × 39 mm 步枪弹侵彻明胶过程中典型时刻的空腔图像如图 4.2.4 所示，通过对空腔图像数据进行分析得出：当弹丸侵彻至 100 μs 时空腔开始膨胀并逐渐增大，直到 5 000 μs 时，空腔直径达到最大值，在 178 ~ 183 mm 范围内；随后空腔直径开始逐渐缩小，至 12 000 μs 时刻空腔直径降至 86 ~ 95 mm 范围内；至 17 000 μs 时刻空腔直径达到第二次最大值，在 147 ~ 153 mm 范围内，这样反复收缩和膨胀直至空腔消失。三组 7.62 mm × 39 mm 步枪弹瞬时空腔数据和平均值数据对比如图 4.2.5 所示，通过对平均值数据进行曲线拟合（如图 4.2.6 所示）发现：瞬时空腔直径随侵彻时间变化的衰减曲线符合式（4.2.1），经过计算得出三组实验能量传递量的平均值 $\Delta E = 1\,187$ J，计算求解得出 $A_1 = 0.16$，$A_2 = 0.13$，$\omega = 209$。

$$
\begin{aligned}
D(t) &= A(t) \cdot \Delta E \cdot \sin(\omega t) \\
A(t) &= \begin{cases} A_1 & t:(0 \sim 11\,999)\,\mu\text{s} \\ A_2 & t:(12\,000 \sim 20\,000)\,\mu\text{s} \end{cases}
\end{aligned}
\tag{4.2.1}
$$

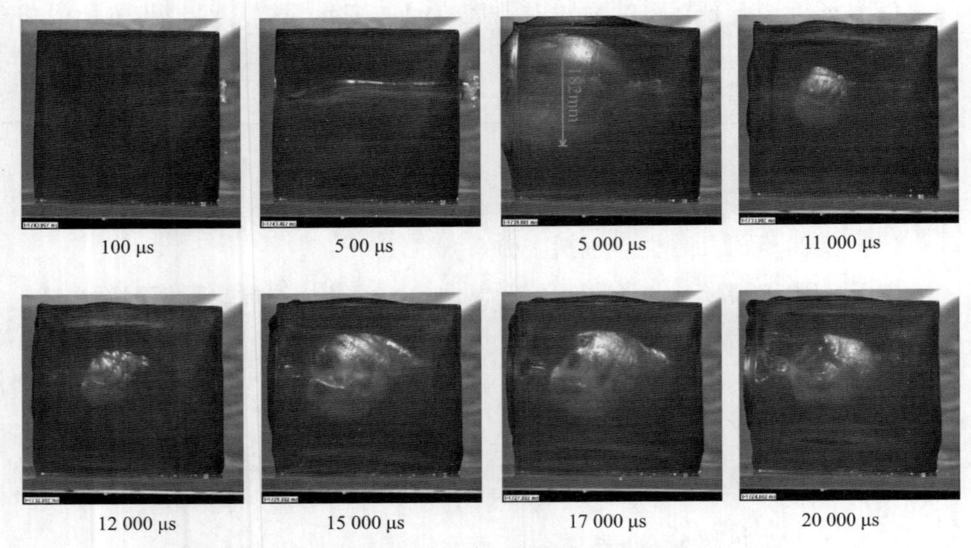

图 4.2.4　7.62 mm×39 mm 步枪弹以初速 875 m/s 侵彻明胶时典型时刻空腔变化情况

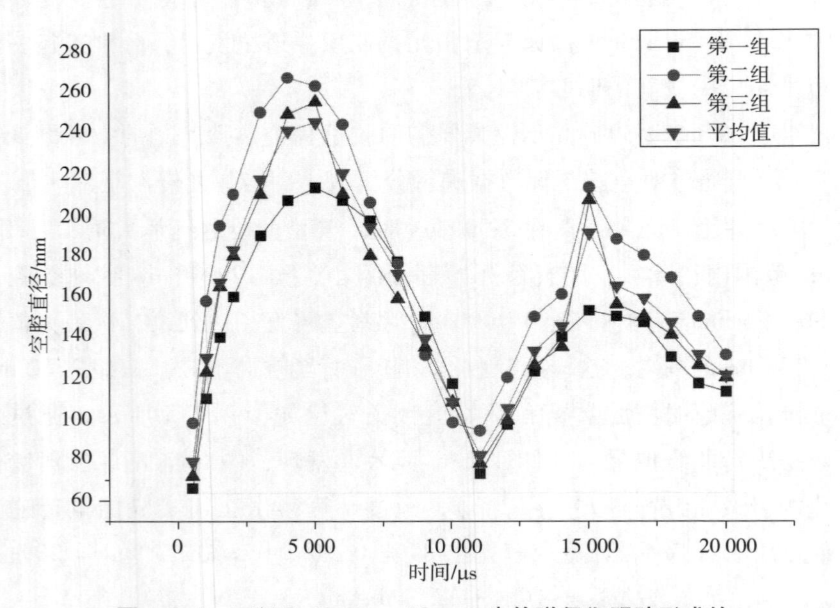

图 4.2.5　三组 7.62 mm×39 mm 步枪弹侵彻明胶形成的空腔直径随时间变化的曲线

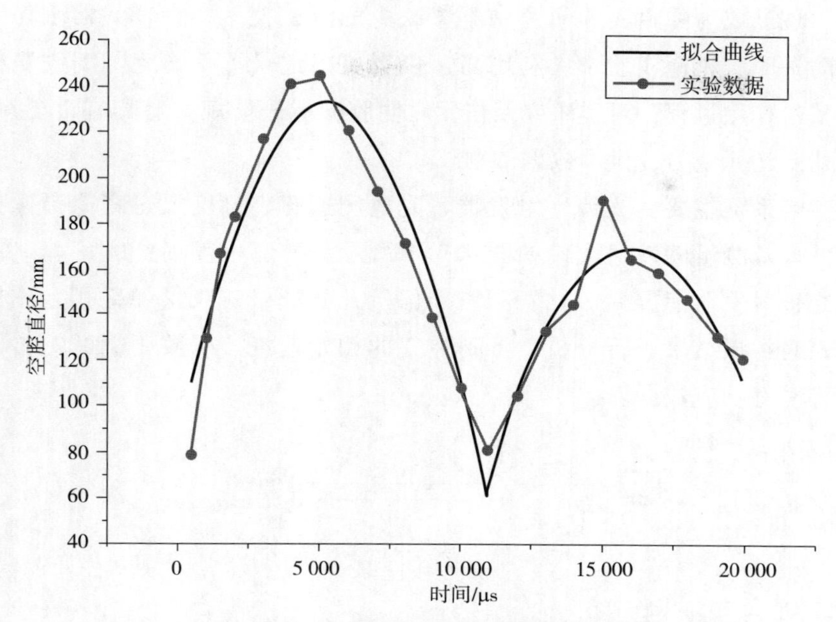

图 4.2.6　7.62 mm×39 mm 步枪弹侵彻明胶形成的空腔直径平均值随时间变化的拟合曲线

4.3　步枪弹侵彻有防护明胶靶标实验

4.3.1　实验指导书

1. 实验目的

（1）了解高速摄影测量的基本原理；

（2）掌握有防护明胶靶标钝击凹陷深度与凹陷直径数据的采集与分析方法。

2. 实验内容

本实验主要开展某步枪弹对有防护明胶靶标的侵彻效应测量，采用高速摄影技术获取有防护明胶靶标钝击凹陷深度与凹陷直径数据。

3. 实验原理及方法

高速摄影是人眼视觉能力在时间分辨能力方面的延伸，其因使用方便、实时性强、图像数据易于保存处理等优点而被广泛应用于各种高速现象的研究，现已成为弹道实验研究中不可缺少的测试技术。在轻武器杀伤元侵彻有防护明胶靶标实验中，利用高速摄影可以记录下杀伤元与明胶靶标之间完整的作用过程，对于研究杀伤元对明胶靶标侵彻规律等具有重要意义，为评估杀伤元威力提供了数据依据。

实验系统主要由光源、触发器、光电测速靶、刻度尺、高速摄像机和图像处理及测量软件组成，如图 4.3.1 所示。弹道枪发射弹丸，膛口产生的火光被触发器捕捉后，触发高速摄像机开始记录。获得弹靶相互作用过程后，对拍摄结果进行分析，得到弹丸的初始速度、明胶靶标的钝击凹陷变化等动态响应数据。

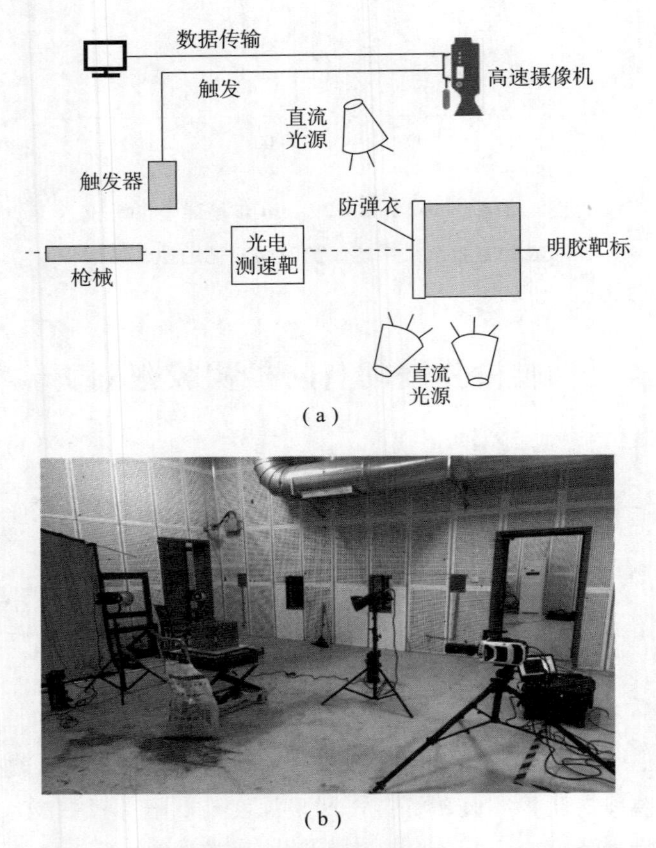

图 4.3.1　步枪弹侵彻有防护明胶靶标实验原理及现场布置

(a) 原理图；(b) 现场布置

为了保证测量精度，对高速摄影系统的布设位置和标定方法进行了设计。实验前架设弹道枪和布置高速摄像机。弹道枪安装好后在实验台中央布置明胶与NIJ Ⅲ级防护插板（如图4.3.2所示），利用安装在弹道枪上的激光瞄准器的标线来调整明胶靶标位置，保证其中心线与弹道线重合。高速摄影型号为Phantom v2511，拍摄频率为100 000帧/s，曝光时间10 μs，图像分辨率为512×512（像素），拍摄时长为100 ms。拍摄后的图像在Phantom软件中进行处理，并利用测量模块对典型时刻的空腔直径进行测量。高速摄像机布设在靶体侧方1.5~2 m处，摄像系统光学视轴与弹道方向垂直，保证明胶靶标迎弹面与摄像系统垂直方向成像平面平行。在靶标位置确定好以后布放高速摄像机，然后进行调焦，保证靶标在镜头视野范围内和画面的清晰度。实验布置完成后，在明胶块侧面放置刻度尺，用高速摄像机进行静态标定拍摄，确定像素间的实际距离。

图4.3.2　明胶与NIJ Ⅲ级防护插板

4. 实验仪器设备

（1）实验用枪：某弹道枪；

（2）实验用弹：某步枪弹；

（3）实验用防弹衣：NIJ Ⅲ级防弹插板；

（4）高速相机：Phantom v2511高速摄像机1台；

（5）明胶靶标：质量分数为10%的明胶；

（6）其他器材：红外触发器、光电测速靶、刻度尺、实验台、枪架等。

5. 实验步骤

（1）按照实验系统组成示意图搭建实验系统，按图4.3.1所示位置布置好 Phantom v2511 高速相机、红外触发器、电脑、光电测速靶、光源、实验台等，连接好数据线，启动软件，检查测试系统是否正常工作；

（2）安装弹道枪，并检查枪械是否正常工作；

（3）将明胶靶标与防护插板按照图4.3.2布置在实验台上，利用安装在弹道枪上的激光瞄准器的标线来调整明胶靶标位置；

（4）在靶标位置确定好以后调整高速摄影位置，进行调焦，保证靶标在镜头视野范围内和画面的清晰度，设置高速摄影拍摄参数；

（5）将实验所应用的测试设备均调至待触发模式，并与触发同步系统相连接，检查触发正常，再将所有系统调至待触发状态，等待实验进行；

（6）按照实验安全规范，专人射击，专人供弹，枪弹分别由不同人保管，并且每次只提供1发弹，实验操作人员发出“准备”指令后，射手进行装填；

（7）实验操作人员发出“开始”指令后，射手进行瞄准并进行单发射击，击发后，软件会自动触发并实时记录弹丸侵彻有防护明胶靶标相关数据；

（8）射击结束，射手验枪，确保实验安全；

（9）验枪后，记录实验的组号、时间、速度、环境条件等相关信息，并且拍照记录靶标状态，同时，对采集到的高速摄影信息进行截取存储。

6. 思考题

（1）根据实验数据分析有防护明胶靶标钝击凹陷深度与凹陷直径的变化规律。

（2）研究有防护明胶靶标钝击凹陷深度与凹陷直径的变化规律对改进步枪弹侵彻防护材料的侵彻能力有何意义？

（3）影响高速摄影测量精度的因素有哪些？

7. 实验报告要求

（1）实验目的；

（2）实验内容；

（3）实验原理及方法（包括实验系统框图）；

（4）实验仪器设备与条件（包括仪器状况、环境温度、环境湿度）；

（5）实验步骤；

（6）实验结果记录、信息处理与分析；

（7）思考题；

（8）实验心得体会。

4.3.2　实验数据记录与分析示例

某步枪弹以初速 547 m/s 的入靶速度侵彻带 NIJ Ⅲ级防弹插板的明胶靶标，如图 4.3.3 所示。

图 4.3.3　某步枪弹以初速 547 m/s 侵彻有防护明胶靶标过程

弹丸未穿透防弹插板，但由于钝击效应，弹着点后面的明胶靶标出现明显瞬时凹陷。弹丸侵彻防弹插板 760 μs 后，明胶靶标内开始出现瞬时凹陷。4 440 μs 时，由钝击防弹插板产生的瞬时凹陷达到最大，此时钝击凹陷的直径达到 122 mm，深度为 50 mm，到 7 360 μs 时基本消失。钝击凹陷深度变化曲线和钝击凹陷直径变化曲线如图 4.3.4 所示。

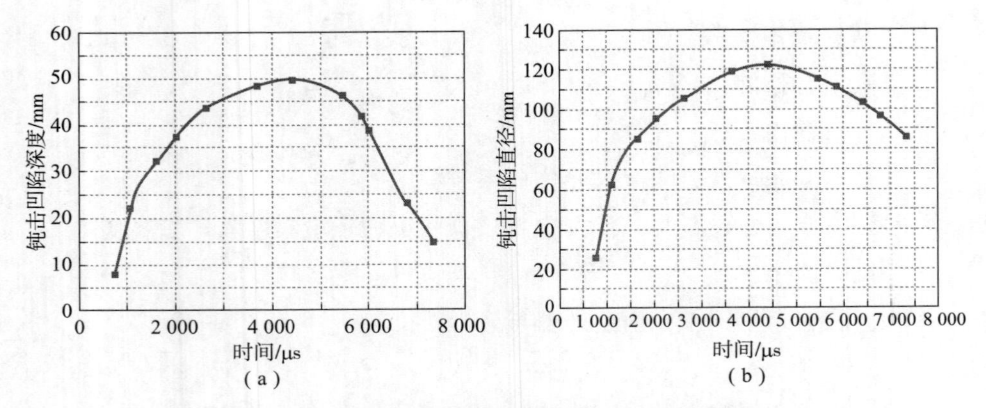

图 4.3.4 钝击凹陷深度和钝击凹陷直径变化曲线

(a) 钝击凹陷深度；(b) 钝击凹陷直径

4.4 步枪弹侵彻防弹衣全场应变测量实验

4.4.1 实验指导书

1. 实验目的

(1) 了解三维数字图像相关测量（3D－DIC）技术的基本原理；

(2) 掌握防弹衣背部鼓包动态变形数据和全场应变信息的采集与分析方法。

2. 实验内容

本实验主要开展某步枪弹对防弹衣的侵彻效应测量，采用 3D－DIC 技术获取防弹衣背部鼓包动态变形数据和全场应变信息。

3. 实验原理及方法

1) 3D－DIC 技术

3D－DIC 技术是一种非接触测量技术，其借助两台高速摄像机和专用数据处理软件，可以获得防弹衣和头盔变形过程中弹着点凹陷、背部鼓包的三维变形数据及其表面应变场信息。

数字图像相关测量技术（digital image correlation）是由 Yamaguchi 等于 1981 年提出的一种基于计算机视觉技术的图像测量方法，将现代计算机处理图像技术与光测力学测试方法相结合，通过记录和分析物体表面变形前后表面随机分布的散斑特征或人造散斑特征，提取变形信息的全场的、非接触式的光测计算技术。1996 年 Helm 等通过使用双相机标定，结合数字图像相关技术进行了三维表面的测量，克服了使用单相机的二维数字图像相关法只能测量物体平面内变形的缺点。通过将 3D – DIC 技术与高速摄影相结合，可以得到材料瞬态变形过程的光学全场信息。

3D – DIC 依据双目视觉原理，即两个 CCD 摄像机从不同角度同时获取某场景的二维图像，搜寻采集得到的两幅图像中的对应点，通过系统标定获得两个摄像机的内外部参数，进而计算并得到这一点在空间坐标系中的三维坐标，提取三维位移场。3D – DIC 测量原理如图 4.4.1 所示。摄像机 1 和摄像机 2 组成一组双目视觉系统，同步采集物体变形图像。图像 1 和图像 1′是摄像机 1 采集的物体变形前 T 时刻和变形后 T' 时刻的两幅图像，图像 2 和图像 2′是摄像机 2 采集的物体变形前后 T 和 T' 时刻的两幅图像。首先，在变形前摄像机 1 采集的图像 1 中选择计算的图像子区 1，通过数字图像相关运算找到变形前摄像机 2 采集的图像 2 中相应的目标图像子区 2，利用双目视觉原理：根据系统标定获得的测量系统内外部参数，得到该子区中心点在 T 时刻的空间三维坐标（x_{w0}，y_{w0}，z_{w0}）。然后利用数字图像相关方法在变形后摄像机 1 采集的数字图像 1′中找到与图像 1 中图像子区 1 对应的

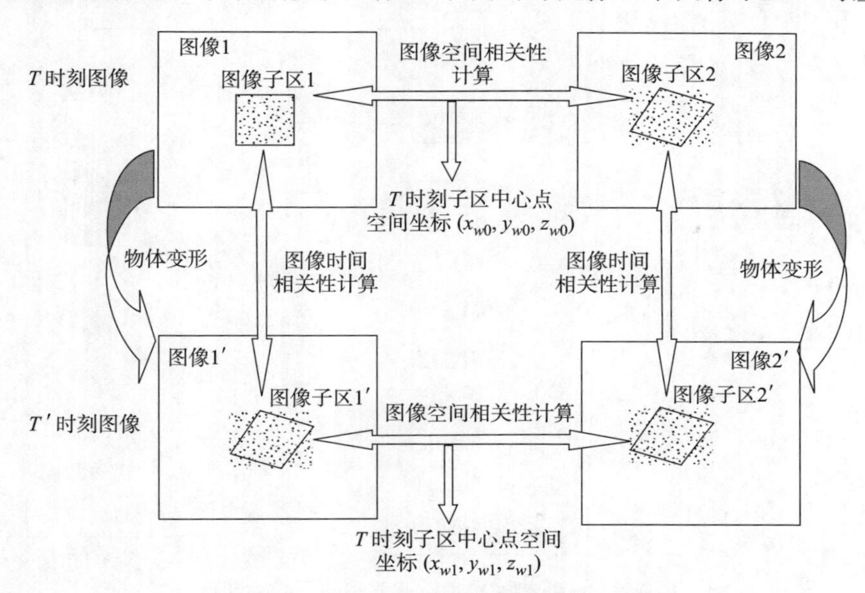

图 4.4.1　3D – DIC 测量原理

目标图像子区 1′。同理，在变形后摄像机 2 采集的图像 2′中找到与图像子区 2 相对应的目标图像子区 2′。则根据图像子区 1′和图像子区 2′也可以得到变形后子区中心点在 T'时刻的空间三维坐标（x_{w1}，y_{w1}，z_{w1}）。将变形前后的空间坐标对应相减即，可得到所求点的三维位移，进而对所得三维位移场进行差分运算可得到相应的应变场。

2）实验系统的组成

实验系统示意图如图 4.4.2 所示。红外触发器放置在枪口附近，用来给高速摄像机发送同步触发信号；光电测速靶放置在防弹衣前面获取枪弹入靶速度；3D－DIC 观测系统由两台 Phantom v2511 高速相机组成，两摄像机夹角约为 15°，并处于水平放置，用于拍摄防弹衣背面鼓包变形的三维全场应变情况；电脑用于记录实验数据；在防弹衣侧面放置一台 Photron FASTCAM SA－X2 型彩色高速摄像机拍摄鼓包的轮廓，用以校验 DIC 测试结果。将防弹衣置于靶架上进行枪弹射击实验（如图 4.4.3 所示）。实验完成后，在 3D－DIC 后处理软件中获取防弹衣背部鼓包尺寸随时间变化的三维数据和背部全场应变信息。步枪弹侵彻防弹衣实验系统实物如图 4.4.4 所示。

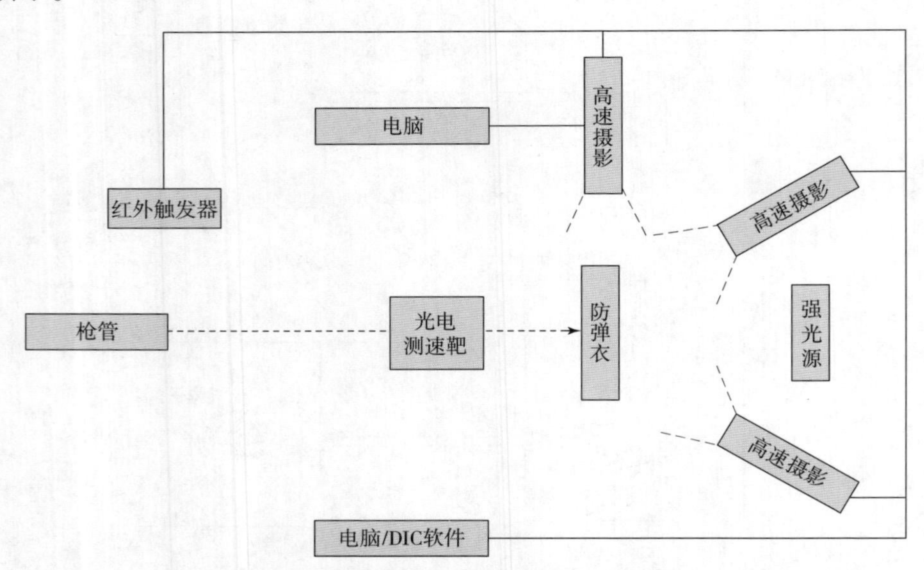

图 4.4.2　步枪弹侵彻防弹衣实验系统示意图

图 4.4.3　防弹衣固定在靶架上

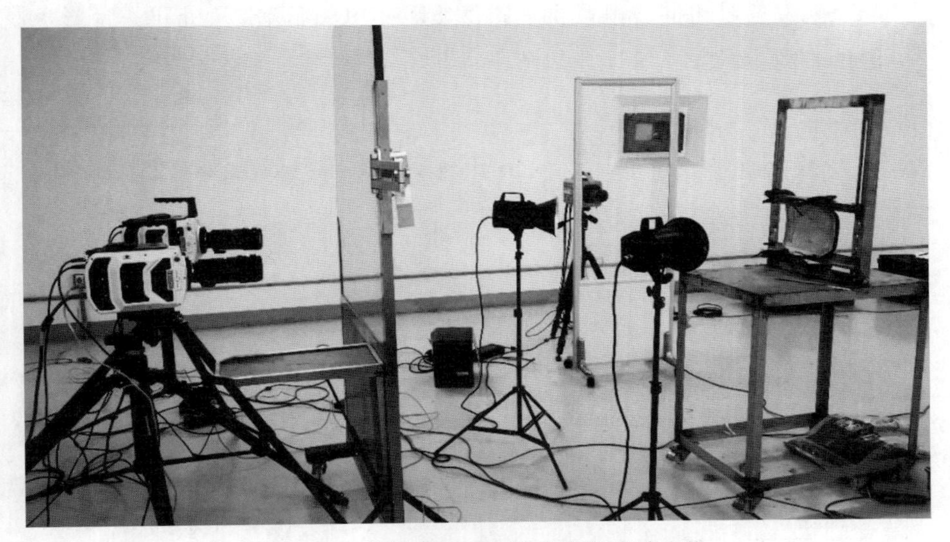

图 4.4.4　步枪弹侵彻防弹衣实验系统实物

（1）3D 图像采集子系统。

3D 图像采集子系统采用两台 Phantom v2511 型的高速摄像机，采用 Nikon AF 80 - 200mm f/2.8D 镜头进行拍摄。由于高速摄像机在拍摄时曝光时间短，进光量很小，同时为避免交流灯频闪问题，所以需要在试件附近放置两盏直流灯照射试件，增强试件的亮度，以增加进光量，保证在高速摄像机拍摄时可以采集到清晰的图像。综合考虑，设置两台高速摄像机的分辨率为 1 280 × 800，采样频率为 20 000 帧/s，曝光时间为 49 μs。

（2）侧面鼓包轮廓测试子系统。

侧面鼓包轮廓测试子系统由一台 Photron FASTCAM SA – X2 型彩色高速摄像机、笔记本电脑、Nikon AF – S NIKKOR 24 – 70mm f/2. 8G ED 光学镜头、三脚架以及若干连接线组成。Photron FASTCAM SA – X2 摄像机可在分辨率 1 024 × 1 024 的条件下达到 12 500 帧/s 的拍摄速率。彩色高速摄影与高速 3D – DIC 采集测试系统采用相同帧率，由红外传感器同步触发。综合考虑，设置彩色高速摄像机的分辨率为 1 024 × 672，采样频率为 20 000 帧/s，曝光时间为 48. 379 3 μs。

（3）同步触发系统。

弹丸发射时在枪口产生火光，红外触发器感知到火光后即可产生触发信号。该触发信号可同步触发两台高速 3D – DIC 高速摄像机和一台彩色高速摄像机。同步触发系统连接如图 4. 4. 5 所示。

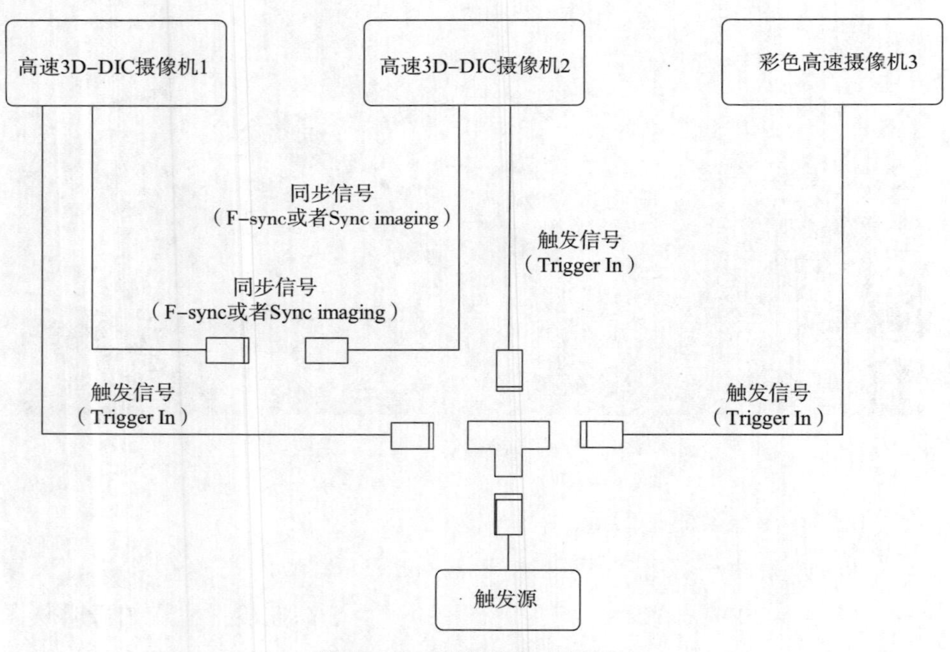

图 4. 4. 5　同步触发系统连接

3）散斑制作与 3D – DIC 系统标定

（1）散斑制作。

由于水转印纸法具有制作的散斑质量高、实验效果好，不易脱落、易于控制散斑大小等优点，所以本实验选用水转印纸法对防弹衣进行散斑的制作。

图 4.4.6 所示为防弹衣散斑的制作流程，防弹衣散斑的制作流程大概分为确定散斑大小、制作散斑水转印纸和制作防弹衣散斑等步骤：

①确定散斑大小。根据摄像机画幅、分辨率、防弹衣所占画幅的比例以及防弹衣的实际大小来确定散斑的大小。实验时设定摄像机像素为 1 280 × 800，防弹衣占画幅的 1/2 左右，每个散斑点的大小为 5 ~ 10 个像素点。经计算，该实验的最适散斑大小为 1.17 ~ 2.34 mm，最终确定为 1.524 mm（0.06 英寸）。

②制作散斑水转印纸。使用散斑生成器，生成所需要的散斑并打印在 A4 纸上，再将水转印纸贴在 A4 纸上，获得散斑水转印纸。

③制作防弹衣散斑。将散斑水转印纸剪裁成合适的大小，将光滑面与 A4 纸揭开，这时光滑面的胶将附着在 A4 纸上，将大小合适并带有胶的 A4 纸粘在防弹衣表面，并压实，使其充分紧贴在防弹衣表面，再用水将 A4 纸打湿并擦去，把散斑留在试件表面。

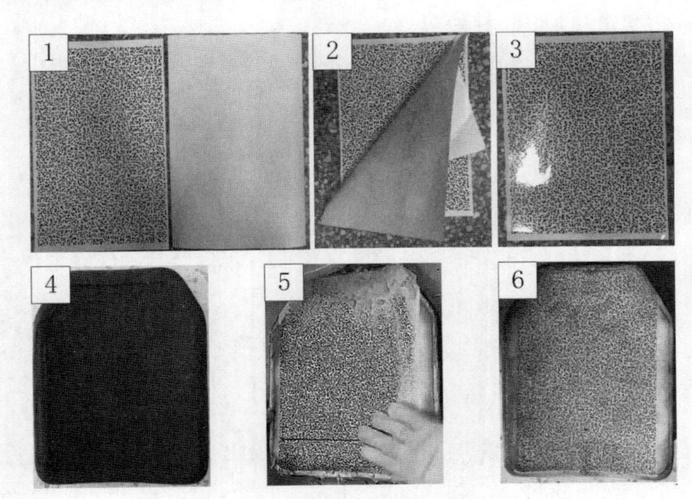

图 4.4.6　防弹衣散斑的制作流程

（2）3D – DIC 系统标定。

在实验开始前，将制作好散斑的防弹衣固定在靶架上，然后调整高速摄像机高度并进行对焦。通常情况下，需要放大图像来观察是否已经精确对焦；当缩小图像时，查看距离试件边缘较远和较近的区域，确定整个试件的表面都已对焦。需要注意的是，对于变形量较大的物体，要保证有足够的景深使整个变形过程都在摄像机可拍摄范围内，以确保计算结果的准确性。

选择一块适用于视野范围的校正板。如果校正板太大，会导致两台摄像机采集图像时很难使它充满整个视野；如果校正板太小，VIC－3D 就很难自动提取校正板上的点，这时需要更多的图像总数，并确保其覆盖整个视野范围，包括每一个角落。将校正板放置于被测物所在的位置上（如被测物无法被移动，那么在不超出景深范围的前提下，将校正板置于被测物前即可）。确保校正板上的三个圆环定位点和两个小的编码点足够清晰且不被遮挡。保证校正板整体清晰明亮，不出现曝光过度、模糊、过暗等现象。

单击“校正图像”按钮，调整软件界面右侧摄像机控制窗口中的选项，设置合适分辨率以及帧率，将曝光时间调整到合适的大小，保证图像明亮即可。注意 Phantom 摄像机标定图像及实验散斑图像的分辨率一定要保持一致。而下方数字表明该设置下总采集帧数以及总采集时间。单击“Single Images”选项，每按一下触发器，每台摄像机会采集一张图像并自动保存到主控电脑硬盘上，如图 4.4.7 所示。通过将校正板放置在不同姿态下，并不断按下触发器来采集校正图像。一般选择大小为拍摄画幅 80% 左右的标定板，在尽量靠近试件的位置，做大幅度的 3 个自由度的平动和 3 个自由度的转动，并保证在标定过程中，标定板上的所有点都在摄像机视场之内。连续拍摄 80 组以上图像，然后使用 VIC－3D 软件进行标定图像计算。

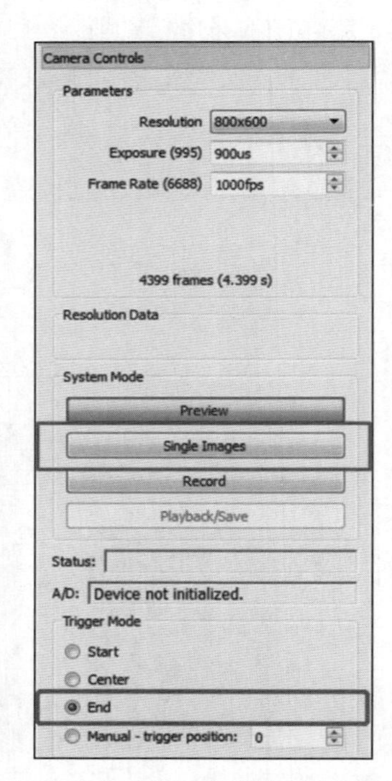

图 4.4.7　标定时软件操作界面

在 3D－DIC 软件中将标定照片导入，计算三维空间坐标并查看评分，如图 4.4.8 所示。若出现红色数字，或某些较高评分图像时，右击鼠标并删除即可降低整体评分。当评分值低于 0.04 时，可单击“接受”按钮；如评分始终较高，需要改变摄像机位置、镜头参数或选用其他大小的标定板重新进行标定，直到评分满足要求。为确保计算结果的准确性，只要摄像机位置有移动，就要进行一次标定，故在标定后不能对摄像机做任何调整。

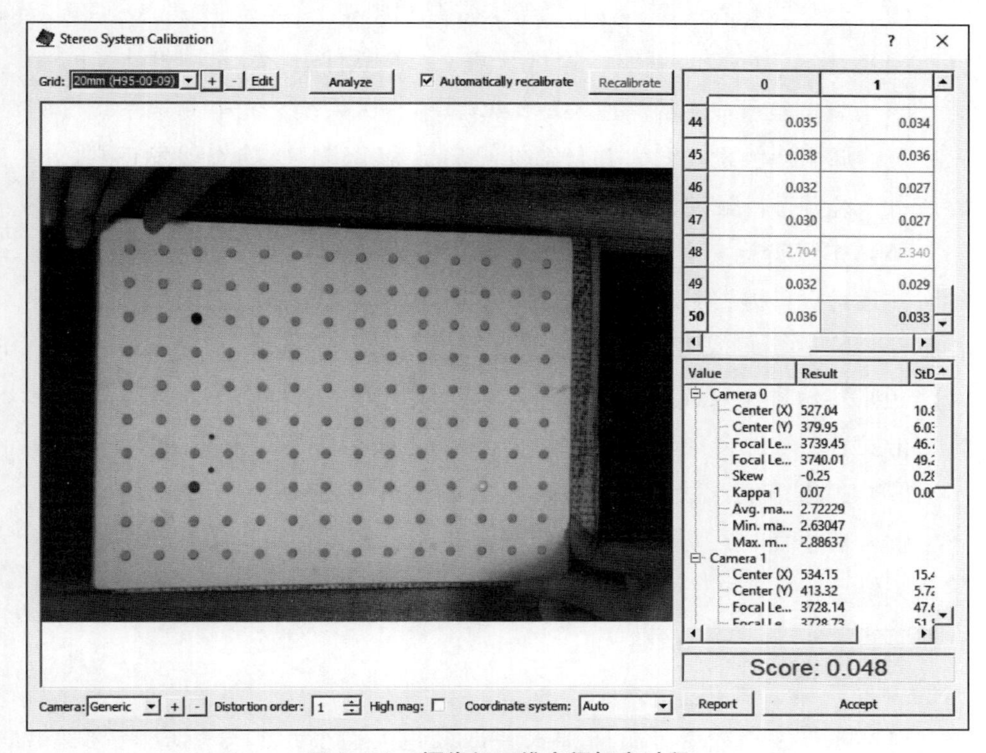

图 4.4.8　摄像机三维空间标定过程

4. 实验仪器设备

（1）实验用枪：某步枪；

（2）实验用弹：某步枪弹；

（3）实验用防弹衣：氧化铝 + PE；

（4）高速摄像机：Phantom v2511 高速摄像机 2 台、Photron FASTCAM SA - X2 型彩色高速摄像机 1 台；

（5）其他器材：红外触发器、测速仪、靶架、枪架等。

5. 实验步骤

（1）按照实验系统组成示意图搭建实验系统。按图中位置布置好3D－DIC观测系统的两台Phantom v2511高速摄像机、拍摄鼓包轮廓的一台Photron FASTCAM SA－X2彩色高速摄像机、红外触发器、电脑、光电测速靶、光源、靶架等，连接好数据线，启动软件检查测试系统是否正常工作；

（2）制作防弹衣散斑，并将防弹衣安装到靶架上；

（3）标定3D－DIC系统，并利用VIC－3D软件进行标定图像计算；

（4）将实验所应用的高速3D－DIC采集测试系统、光电测速系统等测试系统均调至待触发模式，并与触发同步系统相连接，检查触发正常，再将所有系统调至待触发状态，等待实验进行；

（5）按照实验安全规范，专人射击，专人供弹，枪弹分别由不同人保管，并且每次只提供1发弹，实验操作人员发出“准备”指令后，射手进行首发装填；

（6）实验操作人员发出“开始”指令后，射手进行瞄准并进行单发射击，击发后，软件会自动触发并实时记录弹丸侵彻防弹衣相关数据；

（7）射击结束，射手验枪，确保实验安全；

（8）验枪后，在防弹衣表面标记实验的组号、时间、速度、环境条件等相关信息，并且拍照记录，同时，对采集到的高速摄影信息进行截取存储。

6. 思考题

（1）根据实验数据分析防弹衣背部鼓包动态变形和全场应变的变化规律。

（2）研究防弹衣背部鼓包动态变形和全场应变的变化规律对改进步枪弹侵彻防弹衣的侵彻能力有何意义？

（3）影响三维全场应变测量精度的因素有哪些？

7. 实验报告要求

（1）实验目的；

（2）实验内容；

（3）实验原理及方法（包括实验系统框图）；

（4）实验仪器设备与条件（包括仪器状况、环境温度、环境湿度）；

（5）实验步骤；

（6）实验结果记录、信息处理与分析；

（7）思考题；

（8）实验心得体会。

4.4.2　实验数据记录与分析示例

某步枪弹侵彻防弹衣的毁伤效果如图 4.4.9 所示。

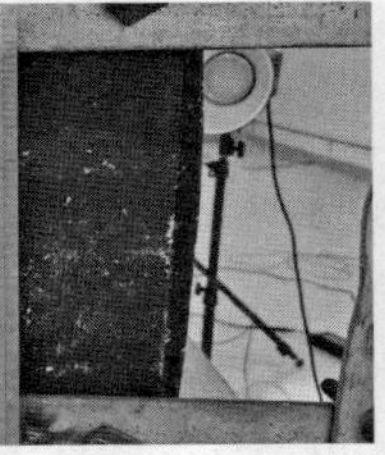
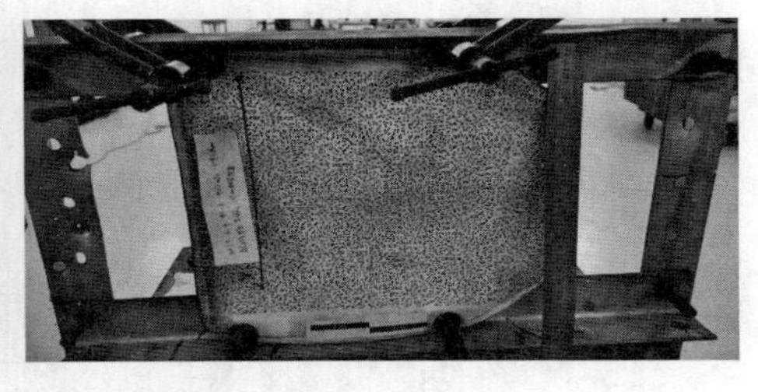

图 4.4.9　某步枪弹侵彻防弹衣的毁伤效果

对实验数据记录与分析如下：

1. 结果校验

将 DIC 软件分析计算的结果与作为参考的侧面高速摄影采集的数据进行对比：①DIC 计算的最大鼓包高度为 20.05 mm，侧面高速摄影得到的最大鼓包高度为 19.18 mm，两者的相对误差为 4.54%；②DIC 计算的鼓包在 y 方向高度为 142.35 mm，侧面高速摄影得到的鼓包在 y 方向高度为 136.11 mm，两者的相对误差为 4.58%。具体的数据对比见表 4.4.1。

表 4.4.1　DIC 计算数据与侧面参考数据

项目	最大鼓包高度 /mm	鼓包直径 x/mm	鼓包直径 y/mm	永久变形量 /mm	备注
DIC	20.05	171.70	142.35	12	158
侧面	19.18	—	136.11	—	158
相对误差%	4.54	—	4.58	—	—

数据选取如图 4.4.10，其中 O 为背面变形量最大点，用于提取该点的

位移、速度、加速度数据；L_{AB}为靶板在水平方向过 O 点的直线，用于提取从 A 点到 B 点靶板在水平方向上背面变形位移量；L_{CD}为靶板在竖直方向过 O 点的直线，用于提取从 C 点到 D 点靶板在竖直方向上背面变形位移量。

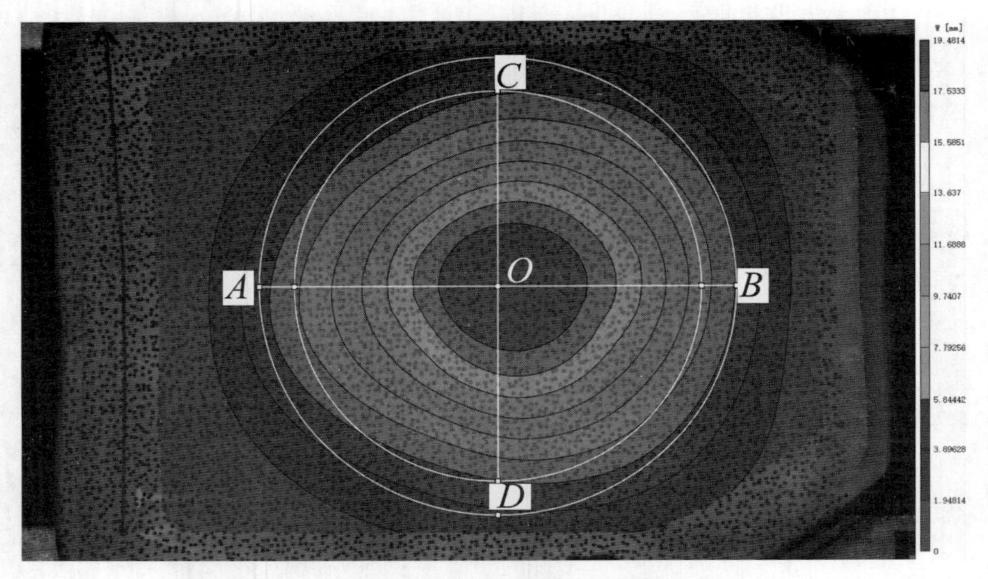

图 4.4.10　数据分析点和数据分析线的选取位置

2. 防弹衣背面鼓包动态变形过程

背面鼓包的形态随时间变化历程如图 4.4.11、图 4.4.12 所示。图 4.4.11（a）中的每条曲线显示在特定时刻靶板在 L_{AB}上的背面形状轮廓，曲线 1 ~5 表示靶板背面的加载阶段，而曲线 6 ~8 表示卸载阶段。在 6.90 ~7.05 ms 时间段内，背面主要发生 z 方向的位移，即在平面外 z 方向的变形迅速增加至 14.47 mm，但在水平方向上的变形增加缓慢；在 7.05 ~7.90 ms 时间段内，背面在 z 方向的变形速率放缓并达到最大值 20.05 mm，但在水平方向上的变形继续增大；在 7.90 ms 之后，靶板背面在 z 方向上发生回弹，但在水平方向上的变形继续增大，在约 27.5 ms 后背面的鼓包形态基本保持不变，此时的鼓包高度为 12 mm。图 4.4.11（b）中每条曲线显示在特定时刻靶板在 L_{CD}上的背面形状轮廓，其变化历程与图 4.4.11（a）相同。

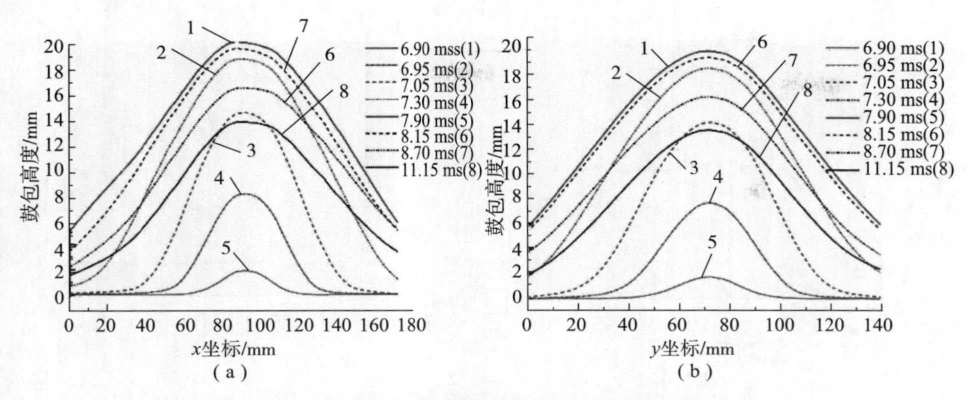

图 4.4.11　鼓包高度在 x 方向和 y 方向的变化历程

采用 3D – DIC 软件进行后处理，可以获得防弹衣背面鼓包的三维动态变形过程。如图 4.4.12 所示，背面鼓包形态近似一个圆锥体。

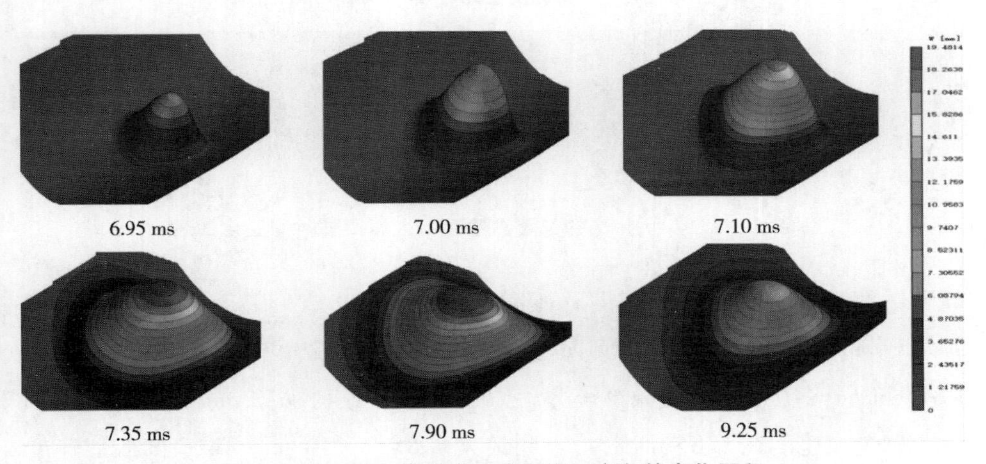

图 4.4.12　鼓包高度在 x 方向和 y 方向的变化历程

3. 背面变形的位移、速度、加速度

图 4.4.13（a）~（c）所示分别是最大凸起点（参考点 O）的位移、速度和加速度曲线。

揭示了背面形状轮廓的高度变化历程：

鼓包变形速度在 0.15 ms 内迅速增加到最大值 99.84 $\mathrm{m \cdot s^{-1}}$，此时鼓包

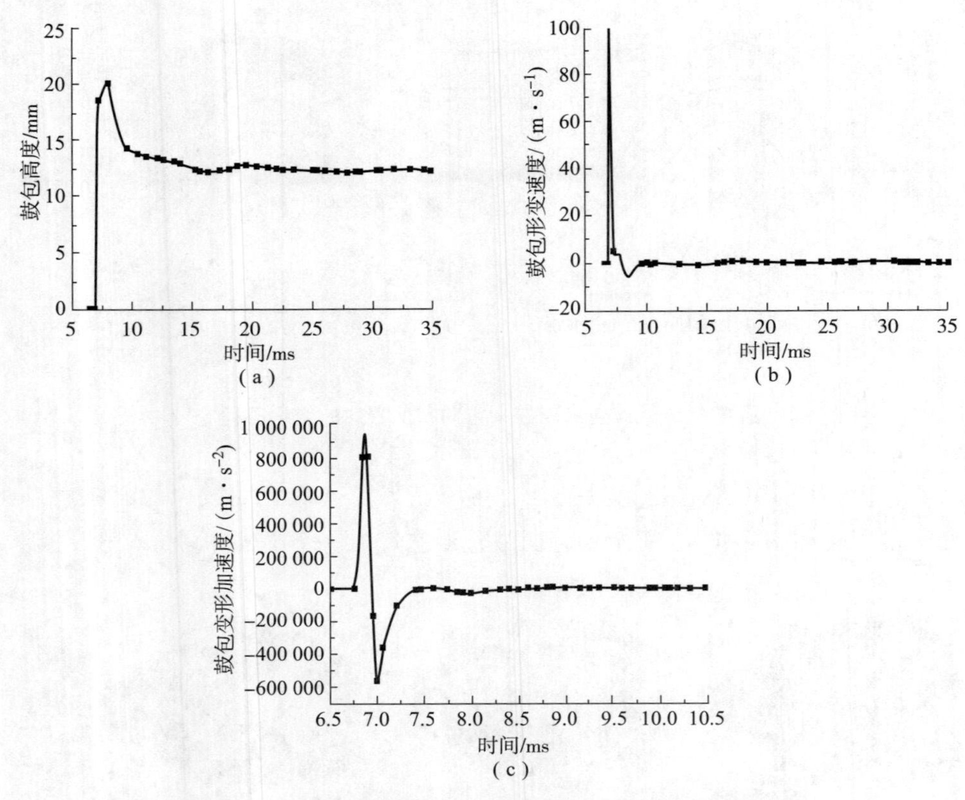

图 4.4.13　参考点 O 的位移、速度和加速度随时间变化曲线

高度达到 8.06 mm；随后速度开始减小，在 7.90 ms 时达到最大鼓包高度 20.05 mm；此后速度开始反向增加，鼓包开始发生回弹，迅速降低到 14.6 mm；经历过两三次微小震荡后，最终鼓包高度为 12 mm。

鼓包加速度在 6.85 ms 时增加到最大值 $8.07\times10^5\ \mathrm{m\cdot s^{-2}}$；随后加速度迅速减小，并反向增加，在 7.0 ms 时达到反向最大值 $5.68\times10^5\ \mathrm{m\cdot s^{-2}}$。

4. 等效应变

靶板背面的等效应变场如图 4.4.14 所示。应变场以线段 L_{AB} 和线段 L_{CD} 为对称轴，将靶板背面分成四个对称区域，且在每个区域呈 L 形；最大等效应变出现在靶板的未变形区向变形区的过渡位置处，约为 8.2%。

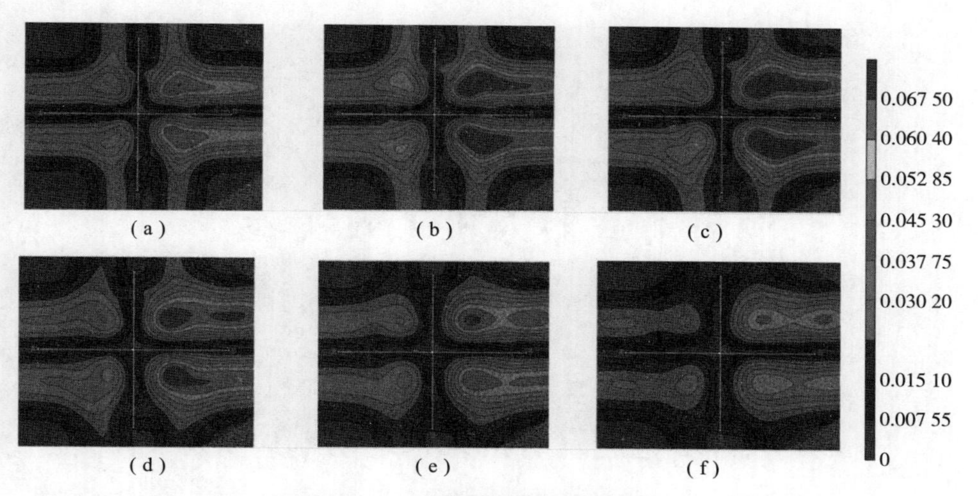

图 4. 4. 14　靶板背面的等效应变场

(a) 7. 00 ms; (b) 7. 05 ms; (c) 7. 10 ms; (d) 7. 15 ms; (e) 7. 20 ms; (f) 7. 25 ms

第 5 章

自动武器人机工效实验

5.1 步枪连发射击人枪运动响应实验

5.1.1 实验指导书

1. 实验目的

（1）了解红外三维运动捕捉的基本原理；

（2）掌握人 - 枪系统运动学数据采集与分析方法；

（3）能够结合测试结果对步枪连发射击过程中人 - 枪系统的运动响应规律进行分析。

2. 实验内容

本实验使用 Codamotion 三维运动捕捉系统获取某步枪连发射击过程中枪管及人体上肢主要持枪关节的运动数据，分析得到人 - 枪系统运动响应规律。

3. 实验原理及方法

运动捕捉技术可以实时精确地测量人体的三维空间运动，以供运动学分析使用。常用的运动捕捉系统主要包括高速摄像捕捉系统和红外反光运动捕捉系统。高速摄像捕捉系统是最普遍的一种方法，同步使用两台以上摄像机，可以获得人体各环节的三维运动参数，但该系统后期数据处理工作量大，且容易产生较大的人为误差。红外光学运动捕捉系统通过红外摄像机捕获反光敏感材料做成的标记点，通过标记点的空间位置计算得到人体各环节和关节的三维运动位移和角度变化。

本实验采用 Codamotion 三维运动捕捉系统获取被捕捉物体各环节的动作，该测试系统分辨率为 0.05 mm，采样频率最大可达 800 Hz。测试系统包括 2 个跟踪器（Codamotion cx1 和 Codamotion cx2），每个跟踪器包括三个红外感应摄像机，如图 5.1.1 所示。每个跟踪器都可以捕捉到标记点的三维坐标位置，同时每个跟踪器在出厂前已经进行了预校准，在实验前只需标定出跟踪器的相对位置即可进行运动学测试。

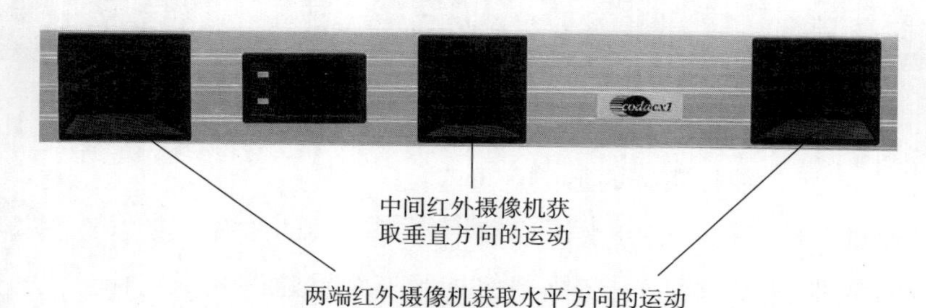

图 5.1.1　Codamotion cx1 跟踪器

Codamotion 三维运动捕捉系统以主动红外捕捉的方式，捕捉标记点的空间坐标位置，标记点是非常小的红外发光二极管，由驱动器供电（如图 5.1.2 所示）。这为测试系统的感应单元提供了标记点的内部识别功能，系统会保持对每个标记点的识别，不会产生标记点的混淆，因此标记点可以根据具体需要设置得非常接近。

图 5.1.2　Codamotion 的标记点

Codamotion 系统采集与数据处理软件（如图 5.1.3 所示）提供了详细的运动学和动力学协议，能够得到位置、加速度、速度、动作时间、身体旋转、角度变化等参数。

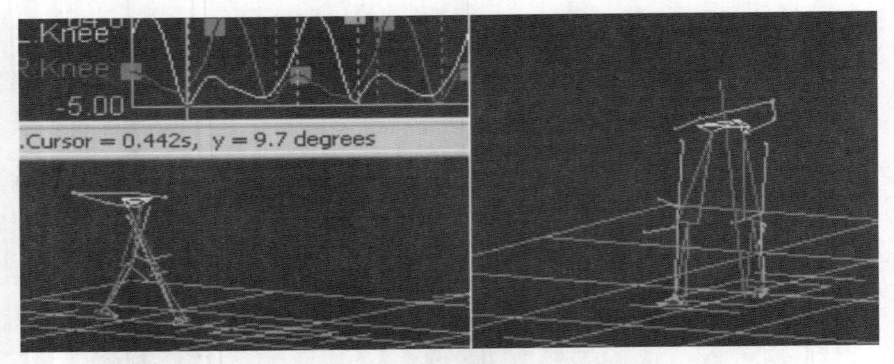

图 5.1.3　Codamotion 系统采集与数据处理软件

1）三维运动捕捉系统的标记点重建

摄像机的标定是标记点重建过程中不可或缺的步骤，只有在获得摄像机参数的基础上，才能使用二维图像进行三维重建，并识别标记点。目前传统摄像机标定常采用直接线性转换方法（DLT），图 5.1.4 中定义了两个坐标系，物空间参考系（XYZ 轴）和像空间参考系（UVW 轴），物空间坐标 O（x，y，z），物在像平面内坐标 L（u，v，0）。设投影中心（N）的物空间坐标为（x_0，y_0，z_0），则矢量 $\boldsymbol{NO}$ 为（$x-x_0$，$y-y_0$，$z-z_0$）。点 P（u_0，v_0，0）为投影中心 N 在像平面（UV）的投影点，设点 P 和点 N 之间的距离 $PN=w_0$，则投影中心点为（u_0，v_0，w_0），矢量 $\boldsymbol{NL}=$（$u-u_0$，$v-v_0$，$0-w_0$）。因为点 N，L，O 三点共线，所以

$$\boldsymbol{NL} = c\boldsymbol{NO} \tag{5.1.1}$$

式中，c 为比例常数。

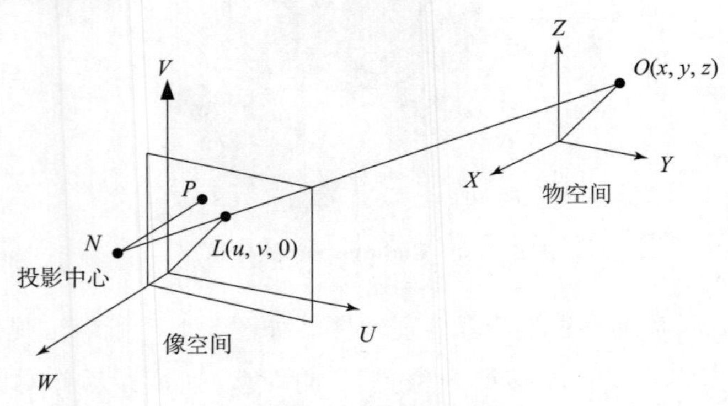

图 5.1.4　摄像机标定示意图

通过坐标变化，将物坐标 O 变换到像平面参考系中，坐标系变换矩阵为

$$T_{L/O}(\alpha,\beta,\gamma)=\begin{bmatrix} t_{11} & t_{12} & t_{13} \\ t_{21} & t_{22} & t_{23} \\ t_{31} & t_{32} & t_{33} \end{bmatrix} \tag{5.1.2}$$

式中，α,β,γ 为欧拉角。将物坐标点通过式（5.1.2）坐标变换后，代入式（5.1.1）得到：

$$u-u_o-\Delta u=-\frac{w_o}{\lambda_u}\cdot\frac{t_{21}(x-x_o)+t_{22}(y-y_o)+t_{23}(z-z_o)}{t_{11}(x-x_o)+t_{12}(y-y_o)+t_{13}(z-z_o)} \tag{5.1.3}$$

$$v-v_o-\Delta v=-\frac{w_o}{\lambda_v}\cdot\frac{t_{31}(x-x_o)+t_{32}(y-y_o)+t_{33}(z-z_o)}{t_{11}(x-x_o)+t_{12}(y-y_o)+t_{13}(z-z_o)} \tag{5.1.4}$$

式中，Δu、Δv 表示光学误差，λ_u、λ_v 为像空间与物空间坐标系的长度单位的比例换算关系。将式（5.1.3）和式（5.1.4）整理化简，得到：

$$u+\Delta u=\frac{L_1x+L_2y+L_3z+L_4}{L_9x+L_{10}y+L_{11}+1} \tag{5.1.5}$$

$$v+\Delta v=\frac{L_5x+L_6y+L_7z+L_8}{L_9x+L_{10}y+L_{11}+1} \tag{5.1.6}$$

参数 L_1 到 L_{11}，反映物空间坐标系与像空间坐标系之间的关系。若已知 6 个以上的空间点 (x,y,z) 及其像坐标 $(u,v,0)$，就可得到摄像机参数，这些参数与 $x_0,y_0,z_0,u_0,v_0,\lambda_0,\lambda_v,\alpha,\beta,\gamma,f$ 有关，其中 u_0,v_0,f 表示摄像机内部方位元素，$x_0,y_0,z_0,\alpha,\beta,\gamma$ 是外部方位元素，λ_0,λ_v 是独立参数。

标定结束后，由两个摄像头同时捕捉到同一标记点，即可得到该标记点的坐标。但是在实际的标记点三维空间点重建过程中，由于每个标记点在像平面上都有一定的形状、体积，将其抽象为一个标记点时，存在一定的误差，因此不同的摄像头三维重建得到的空间位置也存在一定误差，如图 5.1.5 所示。

图 5.1.5 中，P_r 表示标记点的真实位置，I_1、I_2 为在成像平面上识别的成像点，R_1、R_2 为真实的 P_r 成像点，δu、δv 为非线性畸变，可以认为是随机误差。

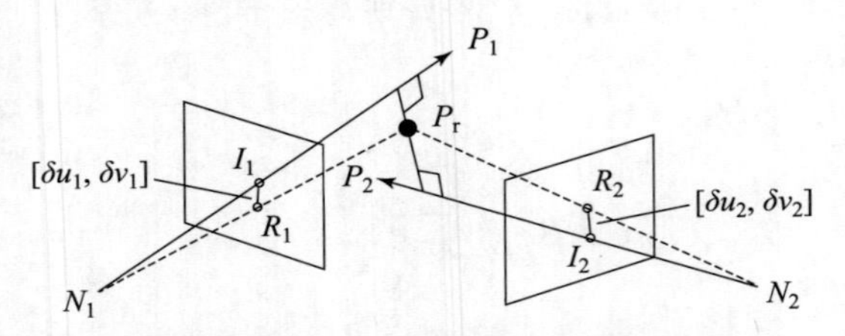

图 5.1.5　标记点三维重建误差示意图

$$\sum_{i=1}^{c} \delta u_i = 0 \quad \sum_{i=1}^{c} \delta v_i = 0 \quad (c\ 为摄像头的数量) \tag{5.1.7}$$

$$u - \Delta u - \frac{L_1 x + L_2 y + L_3 z + L_4}{L_9 x + L_{10} y + L_{11} + 1} = \delta u_i \tag{5.1.8}$$

$$v - \Delta v - \frac{L_5 x + L_6 y + L_7 z + L_8}{L_9 x + L_{10} y + L_{11} + 1} = \delta v_i \tag{5.1.9}$$

在三维标记点重构过程中，需要使不确定度 ε 最小，即

$$\varepsilon = \sqrt{\frac{1}{c} \sum_{i=1}^{c} (\delta u_i^2 + \delta v_i^2)} \Rightarrow \min \tag{5.1.10}$$

通过使不确定度 ε 最小能够优化出标记点的最真实位置。

2）标记点设置方案

在使用红外运动捕捉系统时，需要在研究对象上设置标记点，通常将标记点设置在解剖骨性标志的体表皮肤处。标记点的布置位置一般要满足以下几点原则：

（1）标记点不能影响受试者运动；

（2）标记点在动态测试过程每个时刻至少能被两个摄像头捕捉到；

（3）标记点设置在皮肤移动较小的骨性标志点上；

（4）标志点的设置与数据分析的要求相适应。

本章参考国际生物力学学会（ISB）制定的标记点布置位置标准（STC），分别在受试者的躯干、手臂以及下肢等位置布置相应的标记点。采用人体骨性标记点获取人体运动数据，骨性标记点共 39 个，包括 RFHD、LFHD、RBHD、LBHD、RSHO、LSHO、CLAV、STRN、RBAK、C7、T10、RUPA、LUPA、RELB、LELB、RWRA、LWRA、RWRB、LWRB、RFRA、LFRA、RFIN、LFIN、RASI、LASI、RPSI、LPSI、RTHI、LTHI、RKNE、

LKNE、RTIB、LTIB、RANK、LANK、RTOE、LTOE、RHEE、LHEE，分别位于头部、躯干、上肢、骨盆及下肢，如图5.1.6所示。

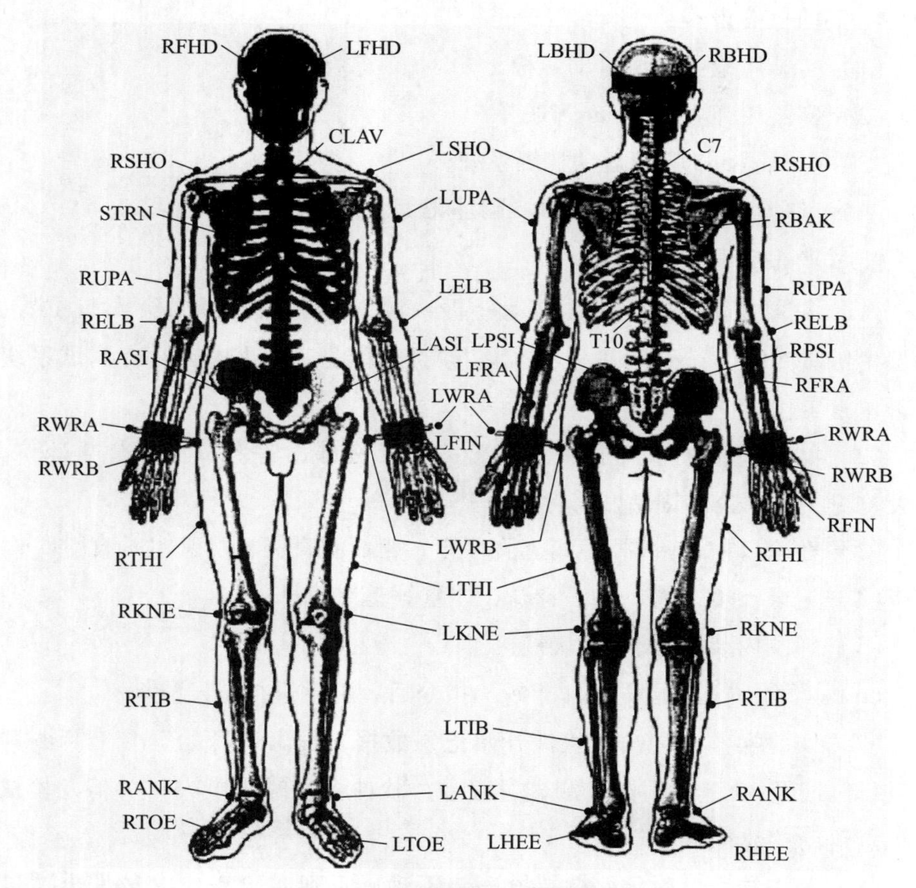

图5.1.6　人体骨性标记点的解剖位置

实验中的运动学的数据是通过捕捉人体的骨性标记点的空间位置获得的，不同的实验所需的标记点不同，后续的实验根据需要从图5.1.6所示的标记点中选择适用的标记点。

具体实验测试过程中要实现所有标记点的连续无遮挡几乎是不可能的，本章采用两种方法规避丢点：

（1）针对特定动作，采用虚拟点代替容易遮挡的标记点，例如在射击过程中，肘关节处的标记点容易丢点（RELB），可以在前臂设置4个标记点，采用这 4 个标记点产生肘关节处的虚拟标记点。

（2）对于丢点不严重的状况，采用插值法对丢失点进行处理。

4. 实验仪器设备

（1）实验用枪：某型自动步枪；

（2）实验用弹：5.8 mm 普通弹；

（3）Codamotion 三维运动捕捉系统；

（4）其他器材：胶布、剪刀、胸环靶等。

5. 实验步骤

（1）安装 Codamotion 三维运动捕捉系统，确定光学摄像头安装位置，确保拍摄空间能够记录射击过程，连接好数据线，启动软件检查测试系统是否正常工作；

（2）在射手腕关节、肘关节、肩关节、胸部、背部、髋关节等部位，以及枪身关键部位牢固粘贴好标记点；

（3）在枪口前 10 m 处距离立胸环靶，靶面垂直竖立且基本垂直射向；

（4）记录环境条件、射手身高、体重等基本信息；

（5）弹匣内装 15 发弹，快慢机置于“连发”；

（6）实验操作人员发出“准备”指令后，射手进行首发装填；

（7）实验操作人员操作软件开始记录数据，发出“开始”指令后，射手进行瞄准及 15 连发射击，测试过程中，软件会实时记录人体关节及枪械标记点运动参数；

（8）射击结束，射手保持持枪姿势不动，听到实验操作人员发出“结束”指令后，射手复位；

（9）一次测试完成后，实验操作人员保存并记录该组实验数据；

（10）每次射击间隔 10 min，重复 3 次。

6. 思考题

（1）根据实验曲线分析步枪连发射击时人枪运动响应及其变化规律。

（2）研究步枪连发射击时人枪运动响应及其变化规律对自动武器设计和改进有何意义？

（3）影响三维运动捕捉测量精度的因素有哪些？

7. 实验报告要求

（1）实验目的；

（2）实验内容；

（3）实验原理及方法（包括实验系统框图）；

（4）实验仪器设备与条件（包括仪器状况、环境温度、环境湿度）；

（5）实验步骤；

（6）实验结果记录、信息处理与分析；

（7）思考题；

（8）实验心得体会。

5.1.2 实验数据记录与分析示例

实验选择的受试者要求身体健康，射击考核成绩较好，所选受试者在实验前无事业、家庭和个人情感等反常情绪影响，休息充分，无酗酒等不规律生活行为影响。

本实验利用 Codamotion 三维运动捕捉系统获取射击过程中步枪与射手的运动姿态。实验过程中，Codamotion 采样频率设置为 400 Hz。

根据空间坐标系的建立规则，规定 X 轴为与枪膛轴线垂直的水平方向、Y 轴为与枪膛轴线平行的射击方向、Z 轴为与枪膛轴线垂直的竖直方向，如图 5.1.7 所示。射手身体上的标记点分别布置在腕关节、肘关节、肩关节、胸部、背部、髋关节，枪身的标记点位置如图 5.1.8 所示。

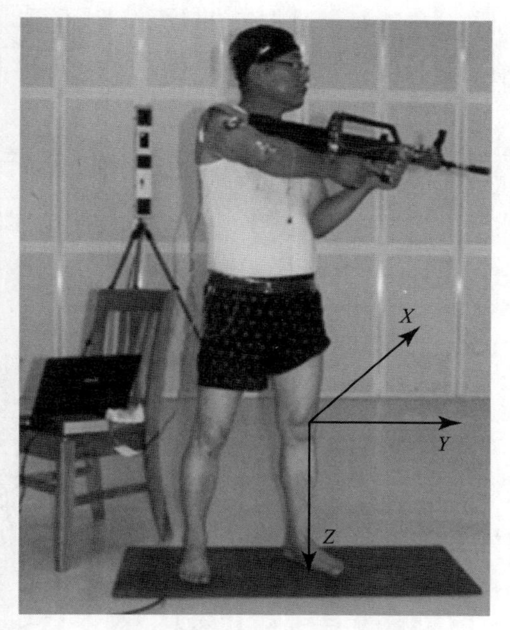

图 5.1.7 实验布置及坐标系方向设定

图 5.1.8　步枪上标记点位置

正式实验前，射手先熟悉环境和步枪，安排射手进行若干次 15 连发射击，使射手熟悉射击过程。在正式实验开始后，射手每次进行 15 连发射击，射击间隔 10 min，重复 3 次。

对实验数据记录与分析如下。

1. 步枪运动响应分析

布置在枪身前端的标记点 M1 的空间运动姿态特征如图 5.1.9 所示，将整个射击过程分为 4 个阶段：瞄准阶段、射击第 1 阶段、射击第 2 阶段、射击结束收枪阶段。在瞄准阶段，标记点 M1 以较小幅度晃动；射击第 1 阶段，标记点 M1 晃动幅度较大，其晃动轨迹无明显规律，此阶段定义为被动控制阶段；对于射击第 2 阶段，射手进入射击适应阶段，此阶段定义为主动控制阶段，此时射手控枪能力较射击第 1 阶段有提高；射击结束后，进入收枪阶段，射击结束。

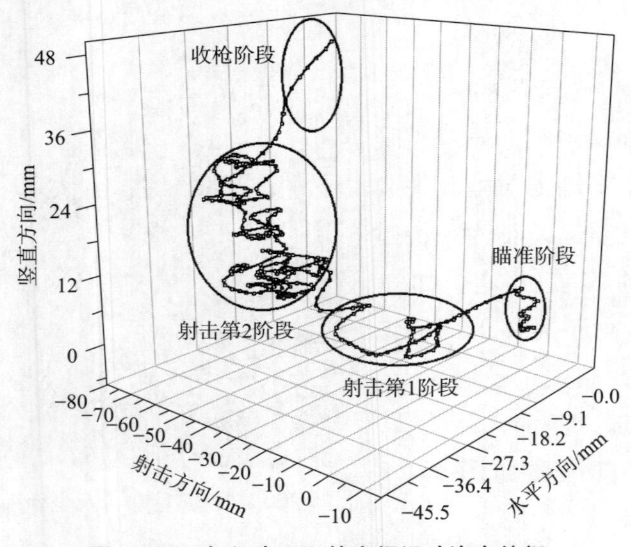

图 5.1.9　标记点 M1 的空间运动姿态特征

为便于定量分析射击过程中标记点 M1 的运动特征，将标记点 M1 空间运动分解为水平方向、射击方向和竖直方向，如图 5.1.10 所示。在 15 发连续射击过程中，步枪经历了 14 次相似的波峰波谷运动（第 1 发除外）。在整个射击过程，步枪在射击方向偏离初始位置最大（74.27 mm），水平方向偏离初始位置最小（43.67 mm），如图 5.1.11 所示。说明：对于射击方向，波谷表示步枪每一发射击后坐到最大位置，远离初始位置；对于水平方向，波谷表示每一发射击运动偏离初始位置的最大值，图 5.1.10 中纵坐标变小表示步枪相对于初始位置向右偏转；对于竖直方向，波峰表示射击运动偏离初始位置的最大值，图 5.1.10 中纵坐标变大表示步枪相对于初始位置向上运动。

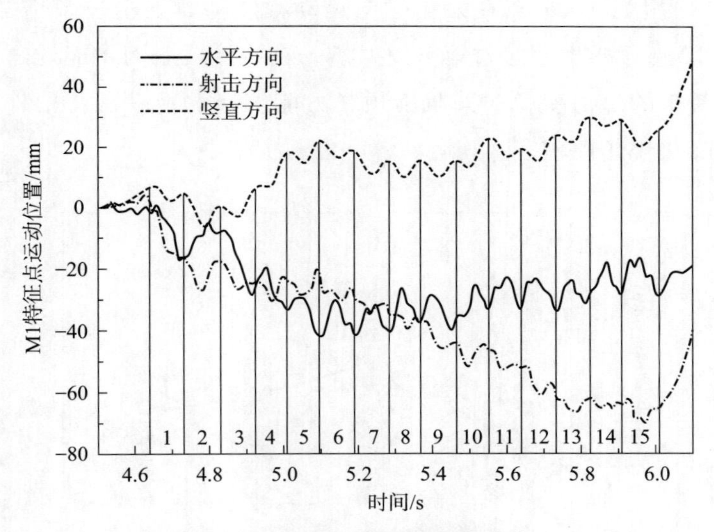

图 5.1.10　枪口标记点运动姿态

从图 5.1.10 可以看出，水平方向、射击方向和竖直方向曲线的变化规律具有显著的差异。在射击方向上，随着射击发数的增加，步枪越来越后退，其中，第 1 发射击步枪迅速向后移动 18.52 mm，然后在此基础上以相似的波峰波谷规律变化。首发射击过程中，射手无法有效地募集肌群发力平衡外力（步枪射击产生的后坐力），与此同时，射手也无法产生准确的肌肉预紧力平衡即将产生的外力，此时射手处于对步枪射击的适应阶段，因此有较大的晃动。从第 2 发到第 4 发射击过程，射手处于射击第 1 阶段

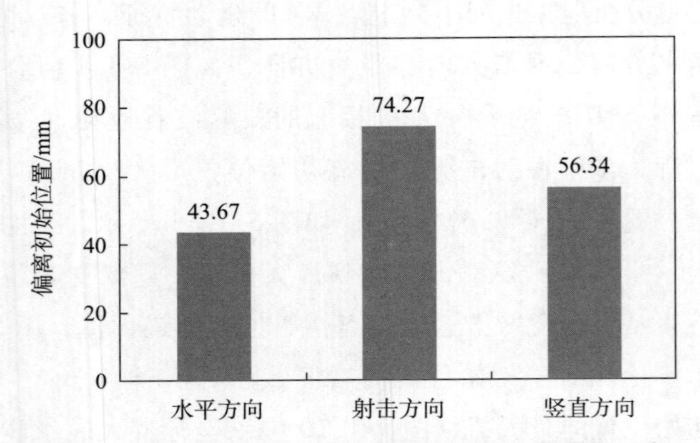

图 5.1.11　射击过程 3 个方向偏离初始位置最大距离

(被动控制阶段)，标记点在射击方向运动幅度随着射击发数增加而减小，如图 5.1.12 所示。射手经过第 1 发射击，在该阶段肌肉本能地适应了步枪射击动作带来的外力变化，其肌肉预紧力能够有效地平衡步枪外力，此时运动幅度变化规律性较好，其运动幅度也逐步减小。

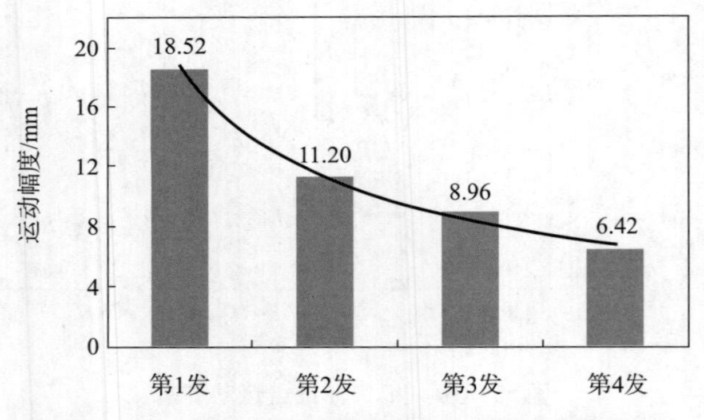

图 5.1.12　射击方向前 4 发射击运动幅度变化规律

从第 5 发开始，标记点在射击方向的运动随着射击发数增加，逐渐后退(较缓慢)，如图 5.1.13 所示。此时，运动幅度平均值为 8.64 mm，偏差为 1.36 mm，标记点运动规律更加稳定，可以认为进入射击第 2 阶段，即射击的主动控制阶段。

如图 5.1.10 所示，在水平方向上，前 3 发规律性不强，虽然也呈现出波峰波谷规律，但其运动幅度及其波峰波谷所处的时间节点都与第 5 发以

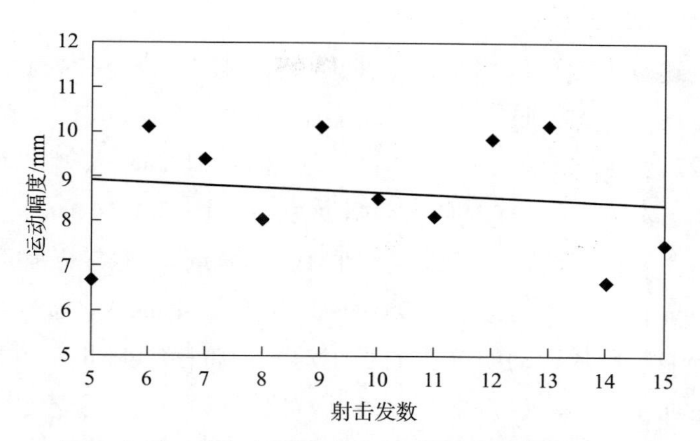

图 5.1.13　射击方向后 11 发射击运动幅度变化规律

后的运动变化规律具有显著差别（如图 5.1.14 所示）。从第 5 发到第 15 发射击过程中，水平方向上运动平均幅度为 10.41 mm，标准偏差为 1.87 mm。在前 3 发射击过程中，由于射手尚无法很好地适应步枪击发产生的后坐力，此时枪身会有较大的摆动，上肢在左右方向的控枪能力弱于其他方向，导致了射手需要 3 发时间来获取最佳平衡状态。

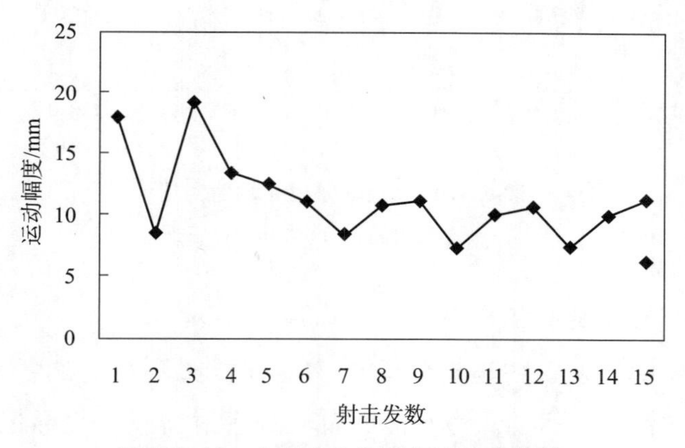

图 5.1.14　水平方向运动幅度变化规律

在竖直方向上，枪身上的标记点跳动表现出 15 段相似的波峰波谷规律（图 5.1.10），但是在前 4 发射击过程中，步枪枪口先向下压，然后逐渐上抬，第 5 ~ 15 发射击过程稳定在距离初始位置约 18 mm 处上下运动，运动幅度均值为 7. 69 mm。

通过上述分析，可以总结出：在 15 连发射击过程中，射手对水平方向、射击方向和竖直方向的控制能力是有差异的，如图 5. 1. 15 所示。在被动控制阶段，水平方向运动幅度最大（均值 14. 81 mm），射击方向运动幅度均值为 11. 28 mm，竖直方向运动幅度最小（均值 8. 64 mm）。在主动控制阶段，水平方向运动幅度最大（均值 10. 13 mm），射击方向运动幅度均值为 8. 64 mm，竖直方向运动幅度略小（均值 7. 44 mm）。通过对比能够发现，被动控制阶段的运动幅度要大于主动控制阶段。射击过程中，水平方向和竖直方向主要影响射击精度，通过对比可以发现射手立姿无依托射击对竖直方向运动的控制能力要显著优于水平方向的控制能力。射击方向的运动产生了后坐力，主要影响射手射击的舒适性，随着射击发数的增加，人体躯干后仰程度持续加大。

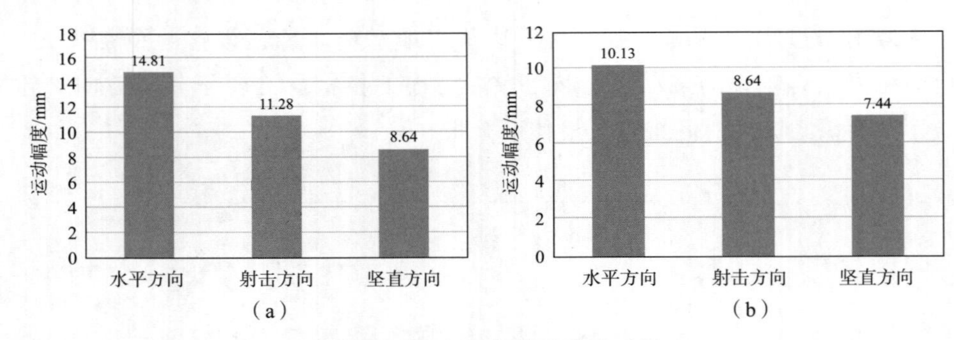

图 5. 1. 15　运动幅度平均值对比

（a）被动控制阶段；（b）主动控制阶段

2. 人体运动响应分析

射击过程中，射手的运动学响应主要分析布置在受试者手臂、肩部、头部、髋部的标记点运动。为了能够直观观察射击过程中标记点的运动规律，图 5. 1. 16（a）和图 5. 1. 17（a）为左、右手腕标记点的空间运动轨迹，由图可知左、右手腕处的标记点运动轨迹相似，主要体现在运动轨迹的集中区域较为相似，如图 5. 1. 16（a）区域 1 和图 5. 1. 17（a）区域 1。图 5. 1. 16（b）和图 5. 1. 17（b）是布置在左、右手腕的标记点空间运动轨迹在水平方向、射击方向和竖直方向上的运动分解。对于左、右手腕，在射击方向和水平方向上的运动规律与枪口运动规律较为相似，都表现出波峰波谷式的变化规律。其中射击方向随着射击发数增加，呈现出叠加的趋势，即步枪随着射击发数的增加持续向身体方向运动。在竖直方向上，右手腕运动变化规律与步枪运动变化差异较小，但是，右手腕上的标记点在竖直方向上的运动没有随着射击过程呈现出明显的波峰变化规律，说明射手在射击过程中，右手对步枪的控制作用弱于左手。

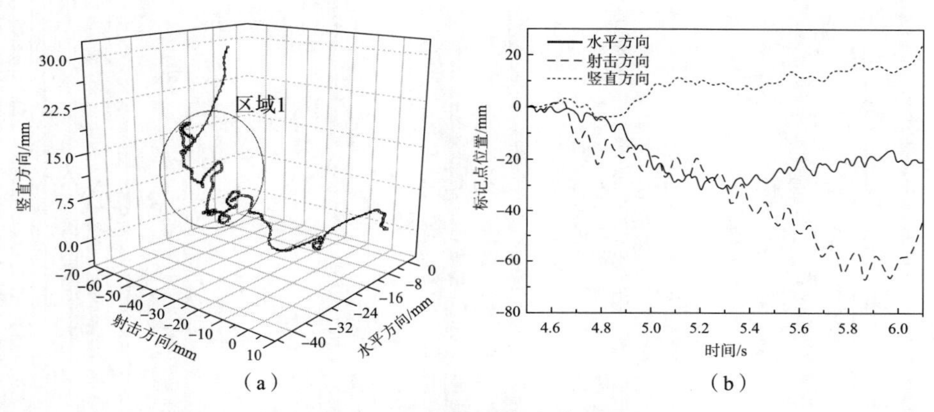

（a）　　（b）

图 5.1.16　左手腕标记点运动

（a）左手腕上标记点空间运动轨迹；（b）左手腕上标记点空间运动轨迹分解

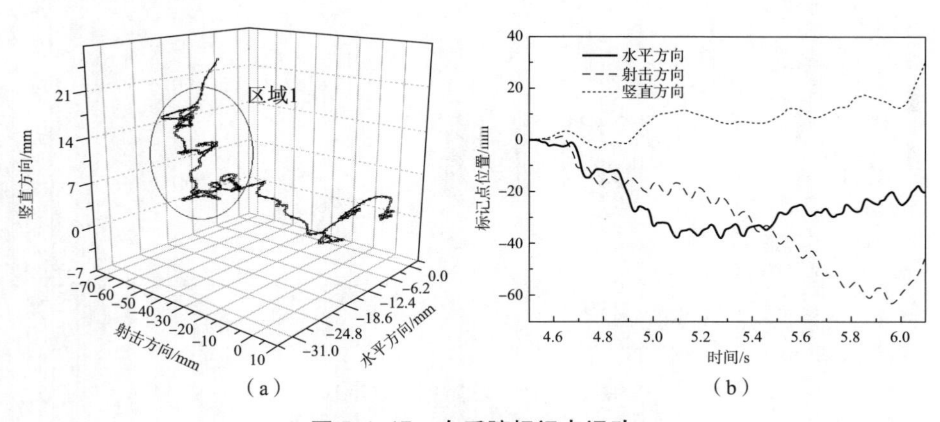

（a）　　（b）

图 5.1.17　右手腕标记点运动

（a）右手腕上标记点空间运动轨迹；（b）右手腕上标记点空间运动轨迹分解

图 5.1.18（a）和图 5.1.19（a）为左、右肘部标记点的空间运动轨

迹，可以直观地看出左肘标记点运动轨迹较均匀地分布在空间坐标系中，但是右肘运动轨迹具有集中区域。对肘部标记点的运动轨迹进行分解，如图5.1.18（b）和图5.1.19（b）所示，在射击方向和水平方向上，左、右肘部的运动都呈现出波峰波谷式变化规律，虽然竖直方向没有呈现出严格的波峰波谷式变化规律，但其总体变化较为相似，都有向上运动趋势。

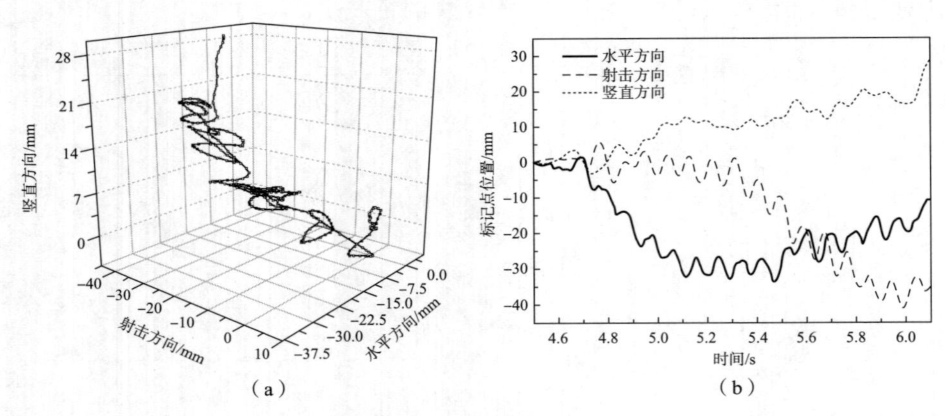

图5.1.18　左肘标记点运动

（a）左肘标记点空间运动轨迹；（b）左肘标记点空间运动轨迹分解

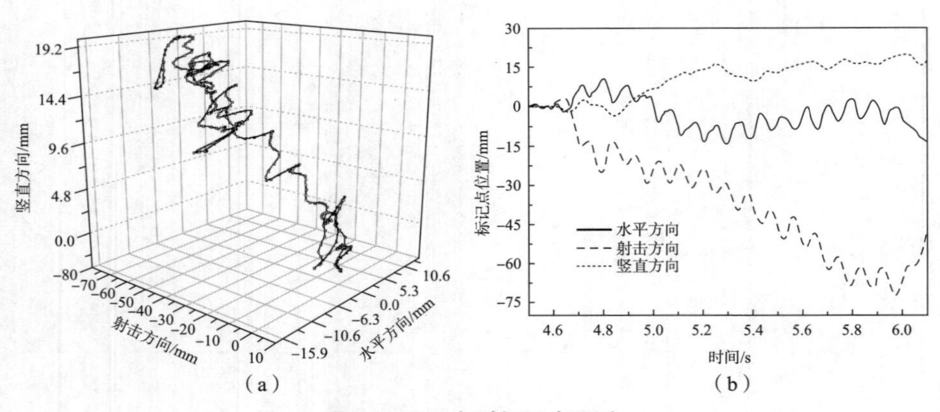

图5.1.19　右肘标记点运动

（a）右肘标记点空间运动轨迹；（b）右肘标记点空间运动轨迹分解

对比左、右肘部的标记点运动，可以发现两者之间有较大的差异，在射击方向，右肘标记点位置随着射击发数增加，始终向射击反方向运动，最终偏离初始位置约72 mm，而左肘标记点位置在第8发之后才开始显著向射击反方向运动，最终偏离初始位置约38 mm。这是射击过程中枪托紧贴右肩，由于后坐力作用，右肩始终向后运动，导致了右肘标记点在射击方向的偏移距离显著大于左肘标记点。

对于水平方向，即与射击方向垂直的方向，射击结束后，左肘标记点偏离初始位置约为35 mm，要显著大于右肘标记点（约10 mm）。在射击过程中，枪托和右肩直接接触，后坐力使右肩沿着射击方向向后运动，身体会发生向右转动，由于持枪射击姿势，左肘标记点距离上肢旋转中心的距离要大于右肘标记点，因此左肘标记点在水平方向上偏离初始位置会显著大于右肘。

图5.1.20（a）和图5.1.21（a）是布置在左、右肩峰标记点的空间运动轨迹，可直观地看出左肩运动较有规律，右肩运动较杂乱。将肩峰标记点运动空间轨迹进行分解，如图5.1.20（b）和图5.1.21（b）所示，对于水平方向，左、右肩峰都呈现出规律性波峰波谷变化，与布置在步枪上的标记点相似。彼此之间的差异主要体现在运动幅值，每发射击过程中，步枪上的标记点运动幅值约为20 mm，右肩峰上的标记点的运动幅值约为6 mm，左肩上的运动幅值约为4 mm。运动幅值较小的现象是正常的，因为手腕、肘关节对步枪的运动起到缓冲作用。

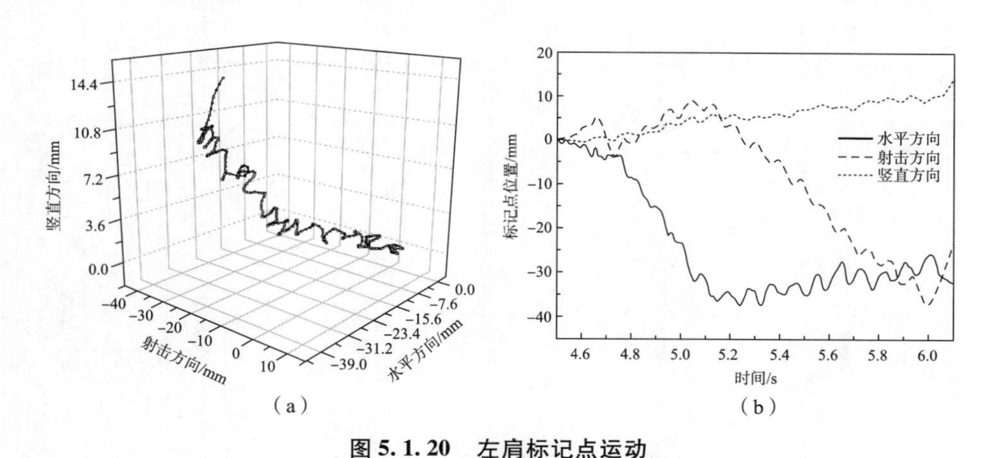

图5.1.20 左肩标记点运动

（a）左肩峰标记点空间运动轨迹；（b）右肩标记点空间运动轨迹分解

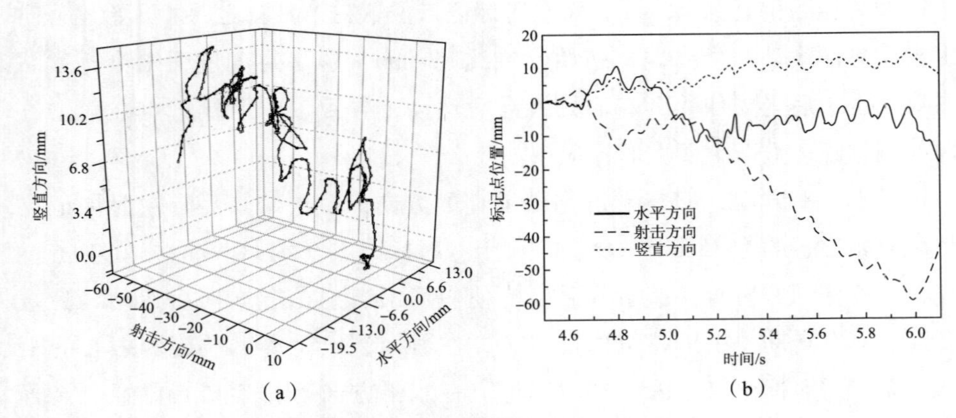

（a）　　（b）

图 5. 1. 21　右肩标记点运动

（a）左肩峰标记点空间运动轨迹；（b）右肩峰标记点空间运动轨迹分解

对于射击方向和竖直方向，左、右肩峰标记点运动规律与步枪枪口标记点运动规律较为相似。但是肩峰标记点的运动幅度也小于步枪枪口标记点，其原因与腕、肘关节标记点运动幅度减小的原因是相同的。

以位于颈椎 C7 为研究对象，研究躯干随着射击过程的运动响应。颈椎 C7 标记点的运动规律介于左、右肩峰标记点运动变化规律之间（图 5. 1. 22）。这主要是由于颈椎 C7 标记点位于双肩峰之间，在此不再具体解释其运动变化规律。

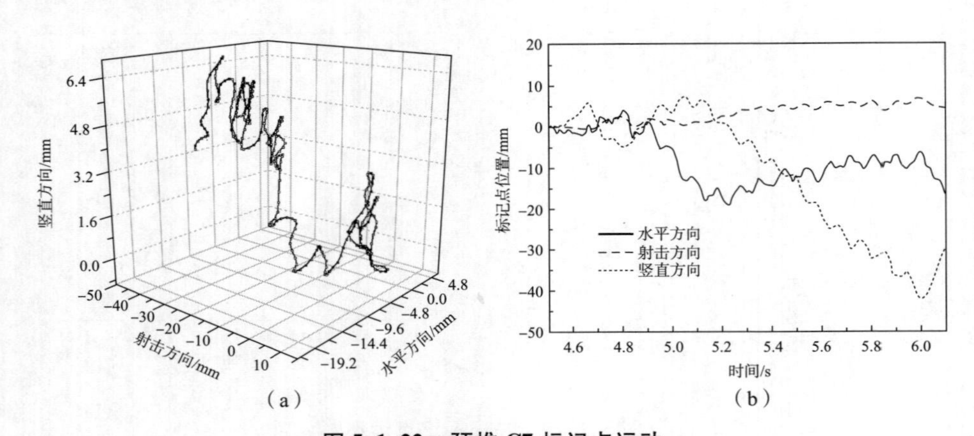

（a）　　（b）

图 5. 1. 22　颈椎 C7 标记点运动

（a）颈椎 C7 标记点空间运动轨迹；（b）颈椎 C7 标记点空间运动轨迹分解

髋部标记点空间运动规律如图 5. 1. 23 所示，图 5. 1. 23（a）为空间运动轨迹，图 5. 1. 23（b）空间运动轨迹的分解，从图中可以发现射击方向的运动方向与枪口标记点相反，这主要是人体为了维持身体平衡造成的。射击过程中，肩部会随着枪托后移，而足底没有移动（足底压力实验得到），为了使身体保持平衡，髋部会本能地前移，减小身体重心后移；竖直方向运动向地面移动，这主要是由于髋部前移，身体在矢状面内弯曲，故髋部标记点向地面移动。水平方向运动的变化趋势与枪口标记点运动变化趋势相似。

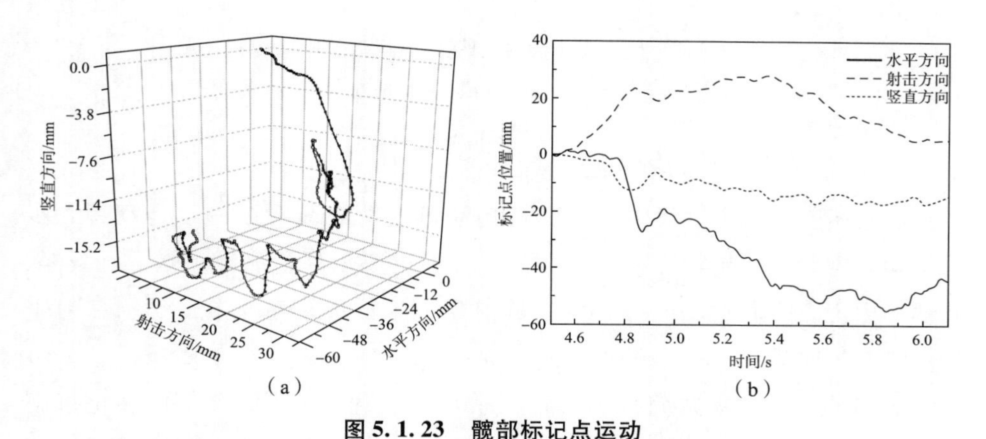

图 5. 1. 23　髋部标记点运动

（a）髋部标记点运动空间运动轨迹；（b）髋部标记点空间运动轨迹分解

头部标记点运动如图 5. 1. 24 所示，可以发现：在竖直方向上，头部始终随着射击而摆动，主要是由于后坐力对身体的作用，使身体前后摆动，造成了身高发生规律性变化。在水平方向上，头部标记点的摆动变化与枪口标记点变化较为相似，在前 5 发射击过程中呈现向右偏移趋势，相比于枪口标记点波峰波谷式的偏移，头部标记点在移动的过程中并没有伴随显著的波峰波谷式摆动。这种差异主要是运动经过颈部 7 个颈椎关节缓冲造成的，在第 5 发以后，人体开始能够对步枪的射击运动进行主动控制，此时表现出波峰波谷式运动规律，并且在偏移头部初始位置 20 mm 处左右摆动。对于射击方向，前 5 发射击头部运动规律与枪口运动规律不同，第 5 发以后头部运动规律与枪口运动规律相似。

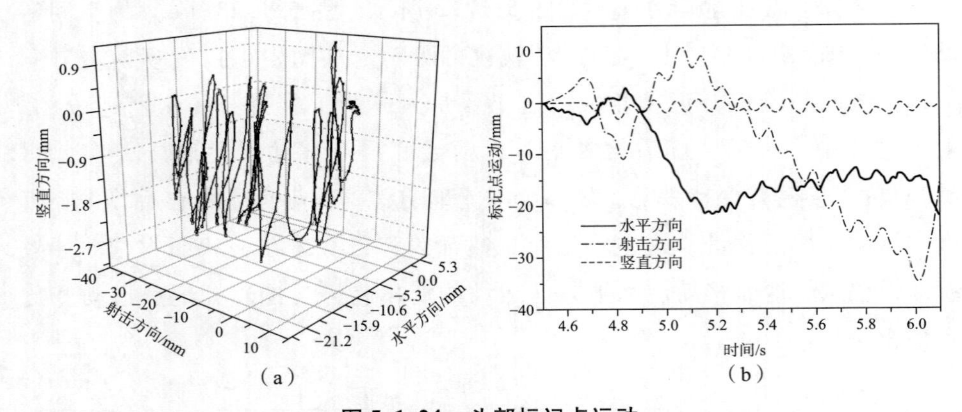

图 5. 1. 24　头部标记点运动

（a）头部标记点空间运动轨迹；（b）头部标记点空间运动轨迹分解

3. 人枪系统运动响应传递规律

步枪在连发射击过程中，可以将自动机发射载荷看成一个运动源，步枪运动刺激肢体做出相应的反馈运动。分别选取手部、手臂、躯干、头部、髋部的标记点空间运动姿态作为实验对象，分析步枪连发射击运动在射手身体中的传递规律。

上述实验中测量并分析了布置在手部、手臂、躯干、髋部的标记点空间运动姿态特征，结果表明，在射击方向上的运动更具有规律性，同时运动传递规律也较为显著，因此以射击方向上的运动为研究对象，对射击过程中，人枪系统运动学传递规律进行具体分析。在射击方向上的各标记点随时间传递的运动数据如图 5. 1. 25 所示，从图中可以看出，身体不同部位在射击方向运动变化规律与枪身上标记点运动变化规律相似，都呈现出规律性波峰波谷变化。但是，其运动幅度随着身体远离步枪，呈现出先增大后减小的变化规律，如图 5. 1. 26 所示，其中枪身、手腕、肘部和肩部差异较小。连续 15 发射击结束后，身体不同部位标记点偏离初始位置如图 5. 1. 27 所示，枪身、手腕、肘部和肩部偏离初始位置要显著大于头部和髋部，其中枪身、手腕、肘部和肩部差异较小。

以波峰或者波谷值对应的时间节点为分析对象，可以发现每次射击过程中，身体的不同部位运动具有延迟现象。以枪身运动产生的波谷对应的

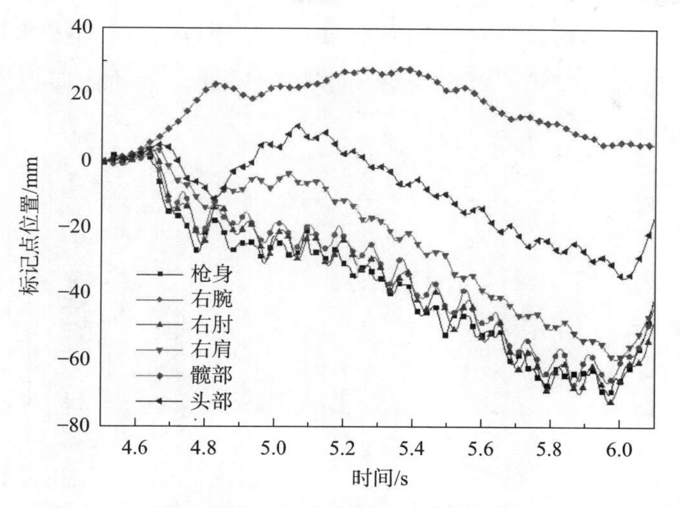

图 5.1.25　射击方向运动传递规律

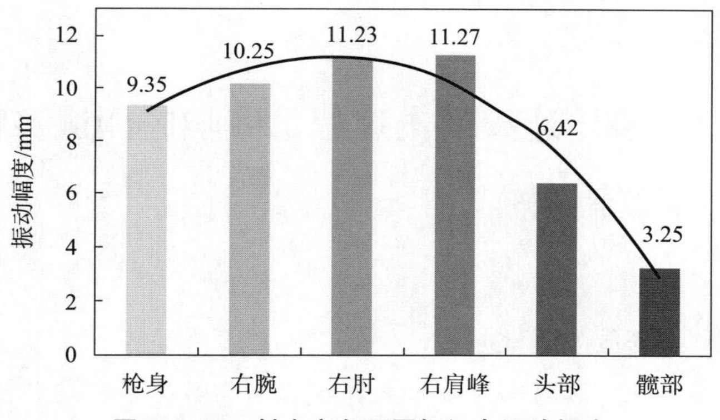

图 5.1.26　射击方向不同标记点运动幅度

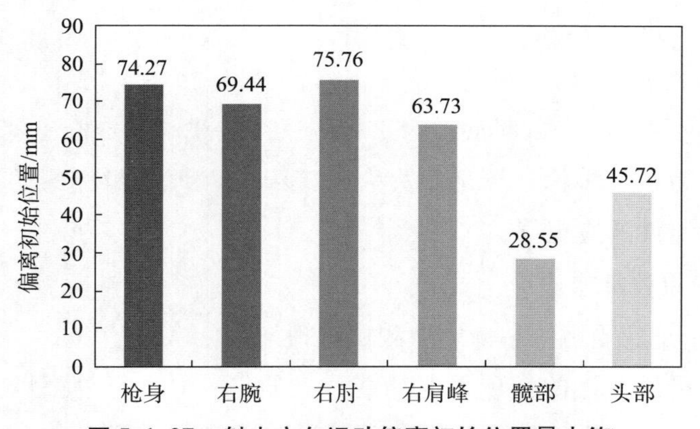

图 5.1.27　射击方向运动偏离初始位置最大值

时间节点为初始时刻，身体不同部位发生波谷所需时间如图 5.1.28 所示。随着身体部位远离步枪，产生波谷所需时间增加，运动传递到髋部所需时间大约为 70 ms。

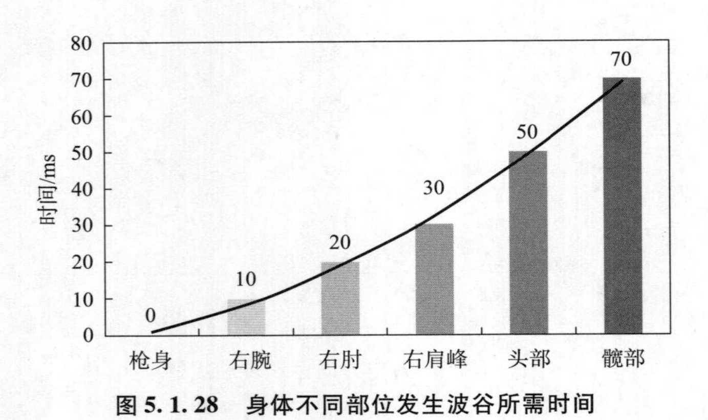

图 5.1.28　身体不同部位发生波谷所需时间

5.2　步枪连续射击过程足底响应测试实验

5.2.1　实验指导书

1. 实验目的

（1）了解足底压力测试原理；

（2）掌握步枪连发射击过程中人体足底压力数据采集与分析方法；

（3）能够结合足底压力测试结果对步枪连发射击过程中人体稳定性变化规律进行分析。

2. 实验内容

本实验使用 Footscan 足底压力平板测试系统获取某步枪连发射击过程中人体双足压力中心坐标、双足压力大小等稳定性评价指标原始数据，分析获得人体稳定性响应规律。

3. 实验原理及方法

1）基于足底受力的平衡能力测试原理

维持平衡是人体的一项重要功能，人的坐、立、行等都以完整的平衡功能为基础，前庭系统、视觉调节系统、躯干本体感觉系统、大脑平衡反射调节系统及肢体肌群的力量对人体平衡功能的维持都有着重要作用。而人体足底压力中心的变化可反映各感觉系统和运动系统功能的相互作用和中枢神经系统的功能状态。人体平衡能力测试就是利用人体足底压力的变化判断人的平衡能力，测试指标主要包括：

（1）压力中心总轨迹长度。

$$L_{\text{total}} = \sum_{i=1}^{n-1} \sqrt{(x_i - x_{i+1})^2 + (y_i - y_{i+1})^2} \tag{5.2.1}$$

式中，(x_i, y_i) 为采集的足底压力中心位置坐标，n 为采样次数。

（2）包络面积。

以足底平均压力中心点 P 坐标为圆心，将压力中心包络图分割成 n 等份，计算每一等份与压力中心图的交点坐标，然后求出每一个交点坐标到平均压力中心坐标的距离 r_i，则包络面积 S 为

$$S = \sum_{i=1}^{n} \frac{\pi r_i^2}{n} \tag{5.2.2}$$

（3）X 方向上压力中心晃动幅度 COP_x、Y 方向上压力中心晃动幅度 COP_y

$$\mathrm{COP}_x = x_{\max} - x_{\min} \tag{5.2.3}$$

$$\mathrm{COP}_y = y_{\max} - y_{\min} \tag{5.2.4}$$

式中，$x_{\max}$、$x_{\min}$、$y_{\max}$、$y_{\min}$ 分别表示 X 轴方向和 Y 轴方向的最大值和最小值。

（4）压力中心平均晃动速度

$$\bar{V} = \frac{L_{\text{total}}}{t} \tag{5.2.5}$$

式中，t 为实验测试时间，L_{total} 为时间 t 内的压力中心总轨迹长度。

2）基于足底压力的步态周期测试

由于身体组织结构上的差异以及外界条件的影响，每个人的步态都有其独特的一面，人体通过中枢神经系统控制肌肉骨骼执行运动，最终形成步态运动，其特征通过步态参数得以体现，步态参数不同，步态模式也不同。步态参数主要有时空参数、运动学参数和动力学参数。

(1) 步态的时空参数。

步态周期（gait cycle）一般是指从足跟触地至相同一侧足跟再一次触地所历经的时间，步态周期可以根据步态中足在空间的位置分为支撑相和摆动相。支撑相是指足部与支撑面接触的时间，根据足着地瞬间（initial foot contact，IFC）、跖骨着地瞬间（initial metatarsal contact，IMC）、趾骨着地瞬间（initial forefoot flat contact，IFFC）、足跟离地瞬间（heel off，HO）、趾骨离地瞬间（last foot contact，LFC）5 个关键时刻，支撑时期可以分为开始着地阶段（initial contact phase，ICP）、前足接触阶段（forefoot contact phase，FFCP）、整足接触阶段（foot flat phase，FFP）、离地阶段（forefoot push off phase，FFPOP），支撑相一般在整个步态周期中占到 60% 左右，如图 5.2.1 所示。

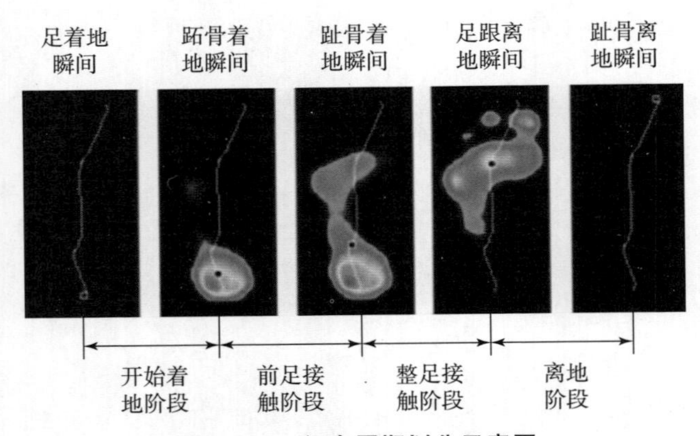

图 5.2.1　行走周期划分示意图

摆动相是指足部与支撑面相分离的阶段，按动作顺序可以化分成足尖离地、足摆动和足跟再次触地，一般在整个步态周期中占到 40% 左右。由于左右脚的交替进行构成了步行运动，因此不包含双支撑阶段，一只脚在支撑相阶段，另一只脚必然处于摆动相阶段。

步行中，在接触面上足部会产生痕迹和运动轨迹，步态的空间参数就包含在这些步行痕迹和步行轨迹中，如步长、步宽和步角等，如图 5.2.2 所示。步长（step length）是指足跟触地点与对侧足跟触地点两点之间连线的垂直直线距离。跨步长（stride length）是指足跟触地点与同侧足跟再次触地点两点之间的连线的直线距离，正常人的跨步长等于步长的两倍。步宽是指在行进线上垂直于前进方向的两足的距离，常以两个足跟的中心点（重力点）之间的垂直于前进方向连线的距离或以两足外侧（内侧）边缘之间的最短的间距计算。步角又称足偏角，是指足中线（足跟的中点和第二脚趾连线）与同侧足的行进线之间形成的夹角，反映了下肢在支撑相中的外旋或内旋的程度，也反映出关节在缓冲和加速期的代偿能力。

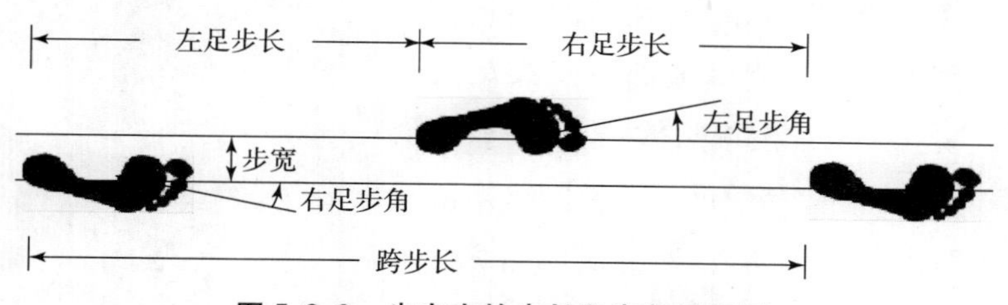

图 5.2.2　步态中的步长和步角示意图

（2）步态的运动学参数。

步态运动是在各个主要关节的共同协调下完成的，肌肉收缩使得下肢关节髋、膝、踝关节在运动面产生屈伸及绕运动轴旋转和环转，产生了步态运动。步态的运动学特征常常用步速、步频和关节角度等步态参数来描述。步频是指在单位时间内走过的单步步数，通常用每分钟内走的步数来表示。速度在一定范围内时，步频和步速呈线性相关，步速的提高可以用提高步频实现。但速度超过一定范围，步速的提高不能再依赖于步频的加快了，通常情况下通过增大步长来使步速加快。

（3）步态的动力学参数。

在步态运动中，足部与地面接触相互作用从而产生了一个三维地面反作用力，分别是垂直支撑力和两个方向的水平剪切力（前后方向和左右方向），垂直支撑力反映了足部的承重过程，水平剪切力则反映了摩擦制动驱动和平衡身体的过程，也稳定得多，因此在足底压力的应用中，垂直支撑力较常用。

在足部与地面相互接触的过程中，沿足的中轴将足分为两部分，采用式（5.2.6）评价整个足底着地过程的稳定性。

$$F_b = (F_{M1} + F_{M2} + F_{HM}) - (F_{M3} + F_{M4} + F_{M5} + F_{HL}) \qquad (5.2.6)$$

上式中，将足底分为 10 个基于解剖学的分区，每个分区所受压力分别为：第1趾骨 T1、第 2 ~ 5 趾骨 T2 ~ T5、第1跖骨 M1、第 2 跖骨 M2、第 3 跖骨 M3、第 4 跖骨 M4、第 5 跖骨 M5、足中部 MF、足跟内侧 HM 和足跟外侧 HL，如图 5. 2. 3 所示。

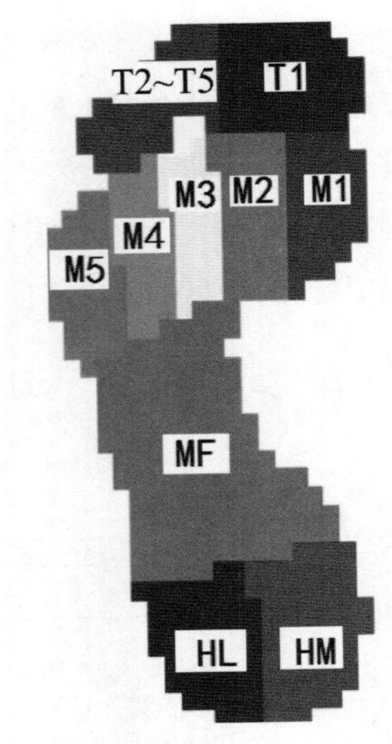

图 5. 2. 3　基于解剖学的足底分区

本实验采用 Footscan 足底压力平板测试系统（图 5. 2. 4）测量地面对足底的反作用力，该测试系统由压阻式传感器构成，数据采样频率可达 500 Hz。传感器呈矩阵排列，密度达 4 个/ cm^2，为精细识别踩在压力平板上的测量对象提供了解决方案。传感器为刚性结构，其表面可承受非常大的冲击力，可满足测试人员急速跑、踏跳等剧烈动作测试的需要。

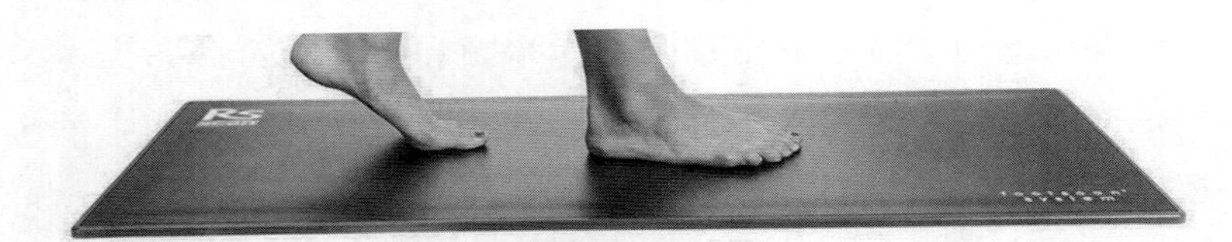

图 5. 2. 4　Footscan 足底压力平板测试系统（尺寸 1 m × 0. 4 m）

在分析单兵系统平衡能力时，本章采用 Footscan Balance 软件（见图 5. 2. 5），主要用于分析受试者动作过程中身体的稳定性。在分析单兵系统步态特征时，本章采用 Footscan gait 步态软件（见图 5. 2. 6），主要用于获取受试运动过程中足底步态数据，包括单足触地开始及结束时间、接触百分比、最大峰值、最大峰值时间、负荷率、冲量、接触面积、足角度、足轴线、时间轨迹，具有稳定性分析、压力及冲量比较、各区域受力曲线比较、多次压力平均化处理、多次内外翻曲线平均化处理等功能。

4. 实验仪器设备

（1）实验用枪：某型自动步枪；

（2）实验用弹：5. 8 mm 普通弹；

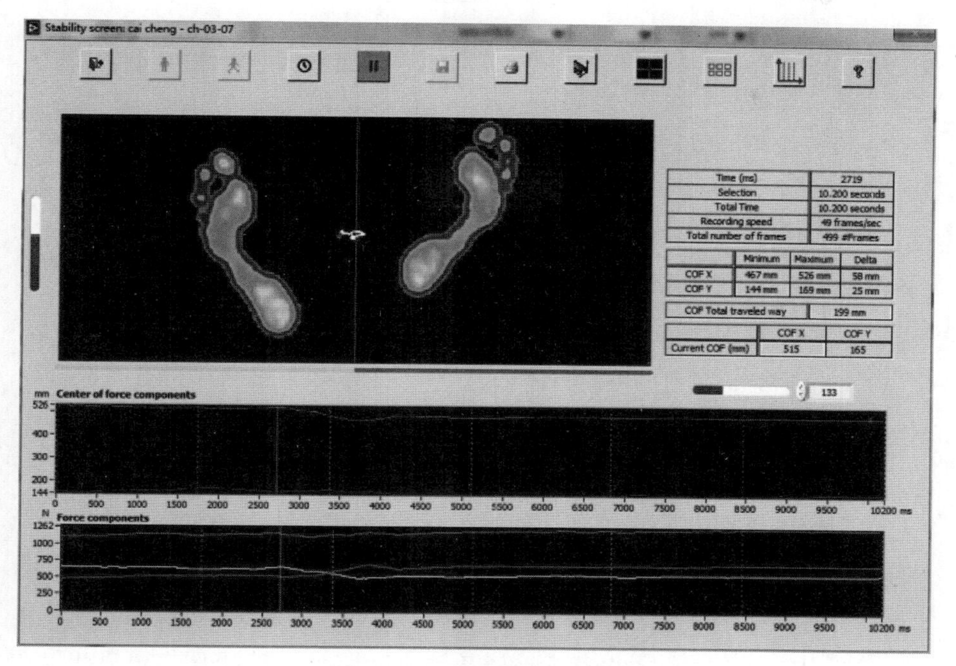

图 5. 2. 5　平衡软件界面

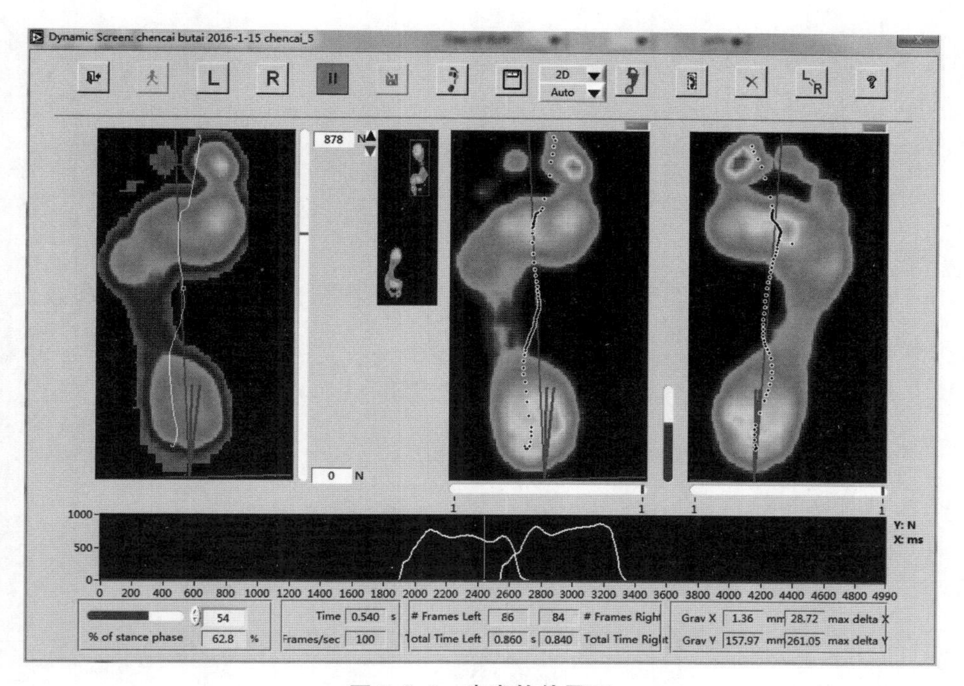

图 5. 2. 6　步态软件界面

（3）Footscan 足底压力平板测试系统；

（4）其他器材：胸环靶等。

5. 实验步骤

（1）安装 Footscan 足底压力平板测试系统，将测试板与计算机相连接，并启动足底压力测试软件。测试者赤足站立在足底压力测试板上，并充分保持测试者足部与测试板贴合，检查测试系统是否正常工作；

（2）在枪口前 10 m 处距离立胸环靶，靶面垂直竖立且基本垂直射向；

（3）根据测试对象的身高、体重、年龄等信息，在软件中进行测试设置；

（4）弹匣内装 15 发弹，快慢机置于“连发”；

（5）实验操作人员发出“准备”指令后，射手进行首发装填；

（6）实验操作人员操作软件开始记录数据，发出“开始”指令后，射手进行瞄准及 15 连发射击，测试过程中，软件会实时记录并显示足底的压力分布情况；

（7）射击结束，射手保持持枪姿势不动，听到实验操作人员发出“结束”指令后，回到原位；

（8）一次测试完成后，实验操作人员保存并记录该组实验数据；

（9）每次射击间隔 10 min，重复 3 次。

6. 思考题

（1）根据足底压力实验数据分析步枪连发射击过程中人体稳定性的变化规律。

（2）研究步枪连发射击时人体稳定性变化规律对自动武器设计和改进有何意义？

（3）影响足底压力测试精度的因素有哪些？

7. 实验报告要求

（1）实验目的；

（2）实验内容；

（3）实验原理及方法（包括实验系统框图）；

（4）实验仪器设备与条件（包括仪器状况、环境温度、环境湿度）；

（5）实验步骤；

（6）实验结果记录、信息处理与分析；
（7）思考题；
（8）实验心得体会。

5.2.2　实验数据记录与分析示例

实验选择的受试者要求身体健康，射击考核成绩较好，所选受试者在实验前无事业、家庭和个人情感等反常情绪影响，休息充分，无酗酒等不规律生活行为影响。

利用 Footscan 足底压力平板测试系统获取了射击过程中射手的足底压力数据，进而获得射手射击时的平衡特性。实验过程中 Footscan 采样频率设置为 200 Hz。正式实验前，射手先熟悉环境和步枪，安排射手进行若干次 15 连发射击，使射手熟悉射击过程。在正式实验开始后，射手每次进行 15 连发射击，射击间隔 10 min，重复 3 次。

对实验数据记录与分析如下：

1. 足底压力中心位置变化

在某步枪 15 连发射击过程中，整个射击过程分为 3 个阶段：持枪阶段、射击阶段、收枪阶段。图 5.2.7 为射击过程足底压力中心位置随时间变化历程，足底压力中心位置依次由区域 1 移动到区域 5，不同阶段压力中心位置变化趋势不同。表 5.2.1 为射击过程中各个阶段足底压力参数变化的具体值。

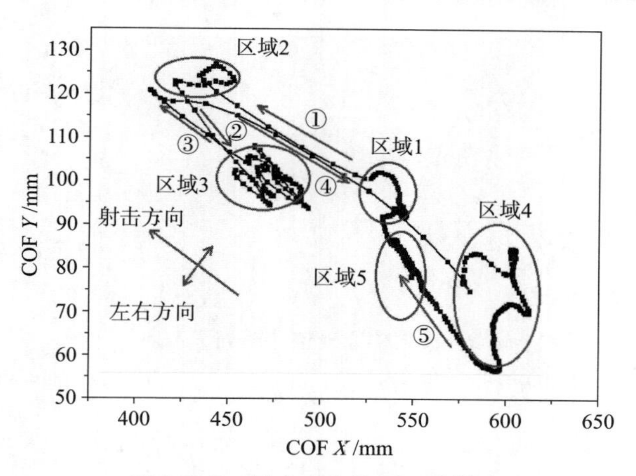

图 5.2.7　压力中心位置二维轨迹

表 5.2.1　不同阶段足底压力特性具体值

特性	持枪阶段	射击阶段		收枪阶段	
		被动射击阶段	主动射击阶段	收枪第 1 阶段	收枪第 2 阶段
时间节点/ms	500 ~ 1 185	1 185 ~ 1 587	1 587 ~ 2 533	2 533 ~ 3 196	3 196 ~ 5 000
耗时/ms	1 185	402	946	633	1 804
压力中心轨迹区域	区域 1	区域 2	区域 3	区域 4	区域 1
前后晃动范围/mm	21.8	106.8	78.4	201.1	49.4
左右晃动范围/mm	24.1	26.2	24.3	46.9	16.5
晃动包络面积/cm^2	0.85	3.95	1.13	8.35	1.79

持枪阶段，如图 5.2.7 区域 1，由于射手持枪静止站立，因此压力中心在较小区域内不断地晃动（前后晃动幅度为 21.8 mm，左右晃动幅度为 24.1 mm，晃动面积为 0.85 cm^2）。将压力中心轨迹分解在 X 轴、Y 轴上（图 5.2.8），此阶段压力中心比较平稳，维持初始位置保持变化较小。射手准备射击，举枪瞄准靶标的过程足底压力中心变化沿着轨迹①运动，这是由于举枪瞄准的过程中，身体前倾，并且枪械重心远离身体，导致足底压力中心前移。

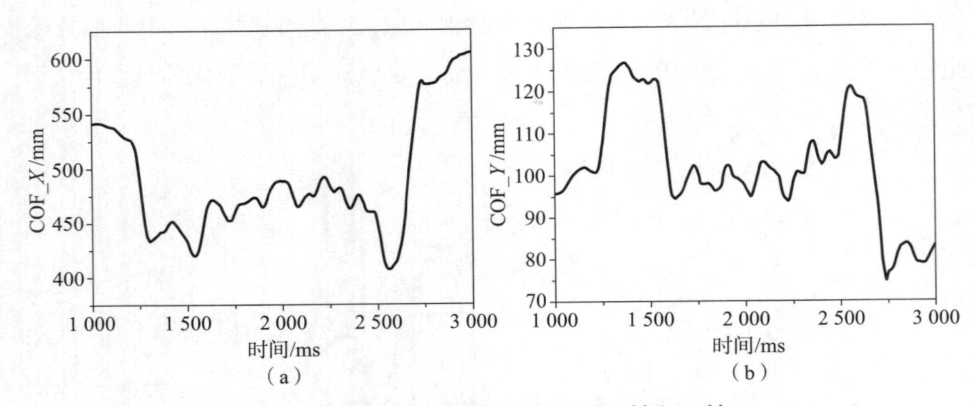

图 5.2.8　压力中心轨迹分解到 X 轴和 Y 轴

(a) X 轴上压力中心随时间变化；(b) Y 轴上压力中心随时间变化

射击阶段，根据射手的身体响应状况将其分为被动射击阶段和主动射击阶段，如图 5. 2. 7 区域 2 和区域 3 所示。其中区域 2 为射击第 1 阶段，即射击被动阶段，该阶段耗时 402 ms，前后晃动幅度（106. 8 mm）大于左右晃动幅度（26. 2 mm），这主要是由于枪械后坐力作用在肩部，使身体在前后方向发生较大的晃动。区域 3 为射击第 2 阶段，即射击主动控制阶段，从射击开始（被动阶段）过渡到主动控制阶段，射手需要大约 400 ms，略大于生物力学上普遍认为人的主动控制时间（300 ms）。在主动控制阶段，前后晃动幅度（78. 4 mm）大于左右晃动幅度（24. 3 mm），其晃动幅度都要小于被动控制阶段。与被动控制阶段相比，最大的差异是前后晃动幅度显著减小，晃动轨迹包络面积也显著减小。通过图 5. 2. 8 压力中心位置随时间变化历程，可以得出足底受力对射击的响应无法做到实时响应，主要体现在 15 发连续射击并没有像运动学数据那样呈现出 15 个波峰波谷变化规律。

收枪阶段，人体响应也会有复杂变化，此阶段亦可分为阶段 1（区域 4）和阶段 2（区域 1）。对于收枪阶段 1，射击结束后射手仍维持射击姿势，本能地做出下一发射击准备阶段。在射击结束后，由于本体已经适应射击状态的主动控制，每发射击过程中，身体肌肉以适应步枪射击过程的受力规律，此时，若突然把外力撤除，身体无法立刻适应无外力加载的状况，因此身体会在外力撤除的时候沿着射击方向运动，从而导致压力中心会突然向射击方向移动。此时前后晃动幅度（201. 1 mm）、左右晃动幅度（46. 9 mm）以及压力中心晃动轨迹形成的包络面积（8. 35 mm^2）都要大于射击阶段。对于收枪第 2 阶段，射手改变立姿举枪状态，恢复站立双手持枪状态，此时足底压力中心轨迹又回到区域 1。此时晃动幅度（49. 4 mm）、左右晃动幅度（16. 5 mm）以及压力中心晃动轨迹形成的包络面积（1. 79 mm^2）值稍大于射击前（区域 1）。

2. 足底受力特性

在进行 15 连发射击过程中，足底受力随着射击时间呈现出如图 5. 2. 9 规律性变化，左足和右足受力差如图 5. 2. 10 所示，不同射击阶段足底压力差的最大值如表 5. 2. 2 所示。在射击前，足底受力较为稳定，右足受力较左足稍大，此时双足压力中心在双足中间位置。开始射击时，右足受力增大，左足受力迅速减小，通过计算压力差发现，此时受力主要集中在右足，双足的压力中心最大限度地靠近右足；在射击开始的前 400 ms 内（前 4 发射击），右足受力都显著大于左足，射手的压力中心位置最大限度地靠近右足。这是由于射手在射击时，不能主动平衡枪械的反作用力造成的，此时射手处于被动射击状态。在 400 ms 后（第 5 发射击），右足受力迅速减小，

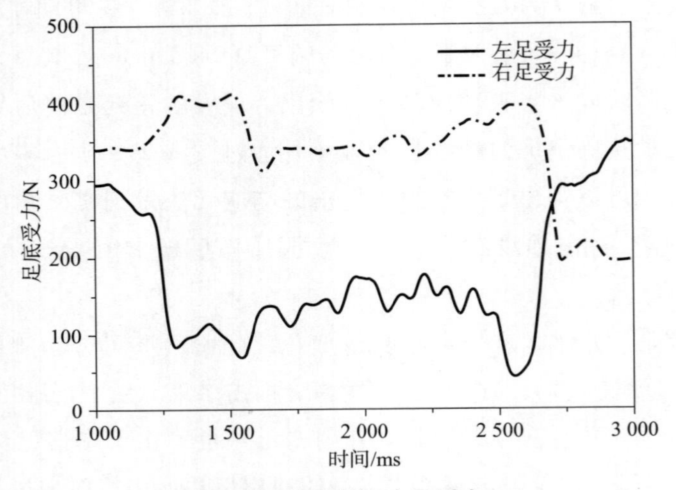

图 5.2.9　左足和右足受力

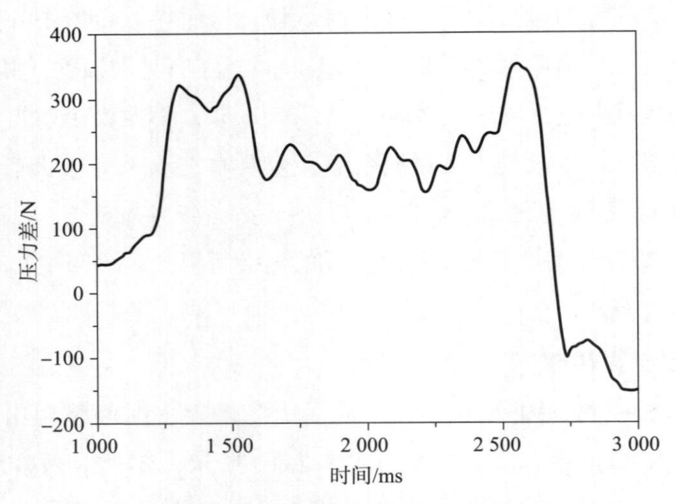

图 5.2.10　左足与右足压力差

经过一个微小反弹，然后保存相对稳定状态，左足受力随着射击过程呈渐进式增加。在该阶段射手进入主动控制阶段，双足的压力差控制在一定范围内呈规律性变化。在最后的时刻，双足的压力有一个突然增大的过程，这是由于在最后一次射击结束后，外力突然撤去，无法平衡原有的预紧力，导致身体不稳当造成的。

表 5.2.2　足底压力变化

射击阶段	持枪阶段	射击阶段		收枪阶段	
		被动射击阶段	主动射击阶段	收枪第 1 阶段	收枪第 2 阶段
时间节点/ms	500 ~ 1 185	1 185 ~ 1 587	1 587 ~ 2 533	2 533 ~ 3 196	3 196 ~ 5 000
双足最大压力差/%	10	78	55	20	-14

5.3　卧姿射击人体表面肌电测试实验

5.3.1　实验指导书

1. 实验目的

（1）了解人体表面肌电测试的基本原理；

（2）掌握人体表面肌电数据采集与分析方法；

（3）能够结合测试结果对卧姿射击过程中人体主要肌肉表面肌电响应特性进行分析。

2. 实验内容

本实验使用 DELSYS Trigno 无线表面肌电测试系统获取某步枪卧姿射击过程中人体上肢主要发力肌肉表面肌电数据，分析得到人体肌肉力学响应规律。

3. 实验原理及方法

自 1849 年 DuBois - Reymond 证实了人体的肌肉在主动收缩时存在肌肉电活动之后，肌电得到广泛的应用。表面肌电测试系统是由若干表面电极和信号处理软件组成的，用于获取人体运动时肌肉产生的肌电信号。肌电信号是通过表面电极引导实时地、客观地记录肌肉活动时所产生的动作电位的变化获取的，从而客观量化肌肉活动能量变化。动作电位是指细胞受到刺激产生兴奋，由原有的静息电位转化为可扩布电位的变化过程。动作电位由电后电位和峰电位组成，通常讲的动作电位是峰电位。实验表明，肌电信号的频率一般在 0 ~ 500 Hz 范围内，是一种微弱的信号，主要能量集中在 50 ~ 150 Hz 范围内。表面肌电信号的振幅一般在 100 ~ 5 000 μV，其峰值一般在 0 ~ 6 mV，均方根在 0 ~ 1.5 mV。

原始肌电图是由肌电传感器的电极直接采集得到的，包含基本的活动信息，如图 5.3.1 所示。在没有经过处理的情况下，利用它可以直接判断肌肉是否被激活参与活动、肌电活动的强度、肌肉间的协调模式以及肌肉活动的时程长短等，但是这些评定都是定性的，目前，为定量分析肌电信号，需要对原始肌电图进行整流、滤波等信号处理。

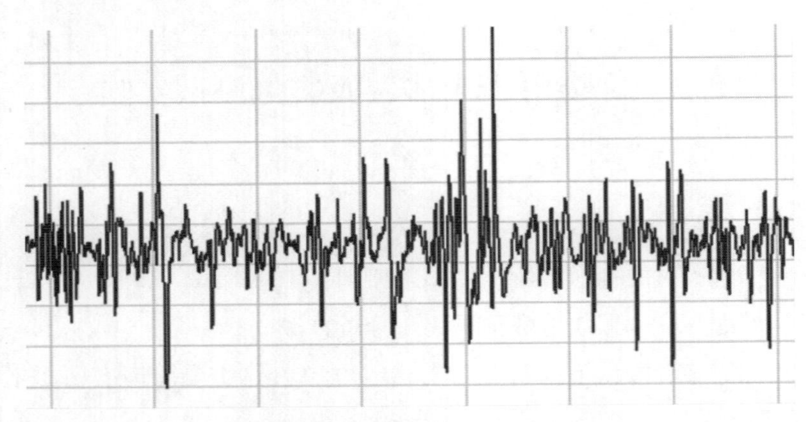

图 5.3.1　原始肌电信号图

表面肌电的分析指标分为时域和频域。积分肌电（iEMG）是肌电信号的时域参数，指在一定时间内参与活动的肌肉中运动单位放电总量，换句话说，在时间不变的前提条件下，其值在一定程度上可以反映参加工作的肌肉运动单位数量的多少以及运动单位放电的大小。通过实验发现，持续时间一定、负荷相同的运动过程中，iEMG 随时间的变化呈上升趋势，当负荷不同时，iEMG 变化的斜率随负荷的增大而增大。其计算公式为

$$\mathrm{iEMG} = \int_{N_1}^{N_2} X(t)\,\mathrm{d}t \tag{5.3.1}$$

式中，N_1 为采集肌肉放电开始时间点；N_2 为采集肌肉放电结束时间点；$X(t)$ 为肌肉放电量的大小。

本实验采用的是美国 DELSYS Trigno 无线表面肌电测试系统（见图 5.3.2），最大采样频率为 4 000 Hz，由 16 个超轻无线传感器和数据采集分析软件组成，拥有 64 个通道（包括 16 个肌电通道与 48 个加速度计通道），无线传输距离可达 40 m。

图 5.3.2　DELSYS 无线表面肌电测试系统

无线传感器（如图 5.3.3 所示）体积小、质量小（14 g），可持续工作 8 h，同时具备多种功能。每个传感器内嵌有三轴加速度计，可同时获得更多运动学数据，提供更广泛的数据分析类型。

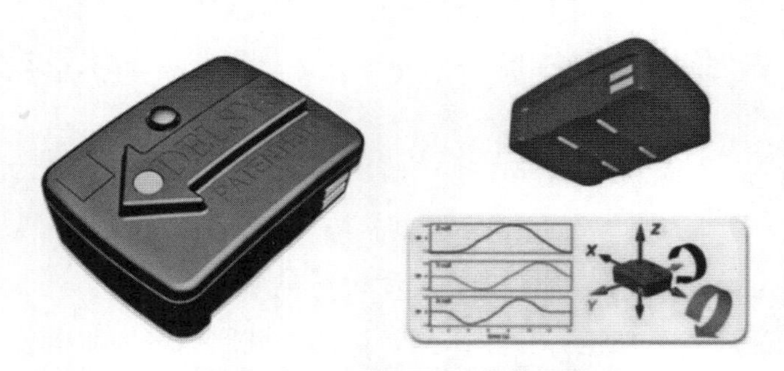

图 5.3.3　DELSYS 无线传感器

Trigno 表面肌电数据采集分析软件（见图 5.3.4）主要用于被试者运动过程中表面肌电信号的存储与分析，具有滤波、整流、拟合等功能，可得到积分肌电值、中值频率、均方根值等信息。

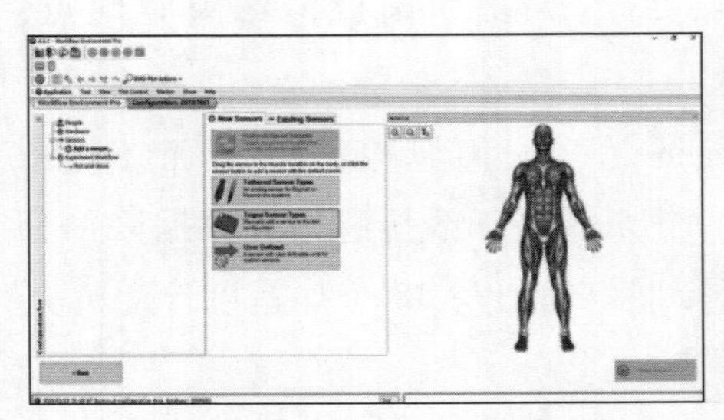
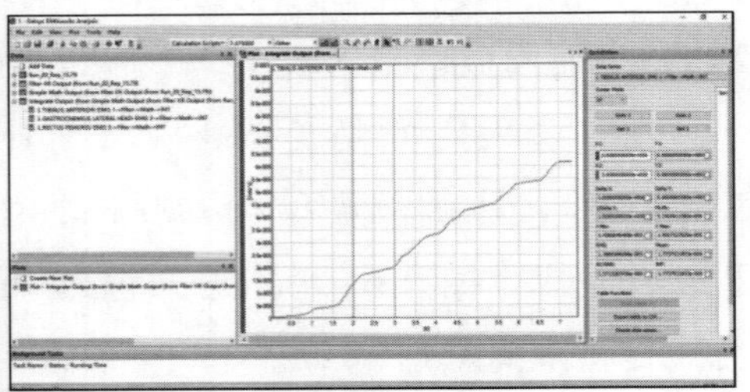

图 5.3.4　表面肌电信号测试（左）、处理（右）界面

4. 实验测试设备

（1）实验用枪：某型自动步枪；

（2）实验用弹：5.8 mm 普通弹；

（3）DELSYS 无线表面肌电测试系统；

（4）其他器材：刮刀、酒精湿巾、胸环靶等。

5. 实验步骤

（1）安装 DELSYS 无线表面肌电测试系统，将无线接收器与计算机连接，并启动表面肌电测试软件，检查测试系统是否正常工作；

（2）在实验之前，使用刮刀刮去肌肉上的毛发并使用医用酒精清洗选定的肌肉位置，以保证 EMG 信号可以有效地被采集，必须注意的是，传感器必须牢固地贴在肌肉上，以防止 EMG 信号采集器在活动中发生偏移，每两个传感器之间的距离约为 30 mm，以减少串扰，否则，可能会发生数据丢失；

（3）在枪口前 10 m 处距离立胸环靶，靶面垂直竖立且基本垂直射向；

（4）记录环境条件、射手身高、体重等基本信息；

（5）使用 Trigno 肌电采集仪采集被试的上肢肌肉表面肌电信号；

（6）弹匣内装 5 发弹，快慢机置于“单发”；

（7）射手卧姿自由持枪，俯卧在保护垫上；

（8）实验操作人员发出“准备”指令后，射手进行首发装填；

（9）实验操作人员操作软件开始记录数据，发出“开始”指令后，射手进行瞄准及 5 发点射射击，测试过程中，软件会实时记录并显示表面肌电数据；

（10）射击结束，射手保持持枪姿势不动，听到实验操作人员发出“结束”指令后，回到原位；

（11）实验操作人员保存并记录该组实验数据；

（12）射手休息10 min，重复5次；

（13）使用软件进行特征提取、信号预处理并分析测试结果。

6. 思考题

（1）根据人体表面肌电实验数据分析卧姿射击过程中人体主要肌肉表面肌电响应特性。

（2）研究射击过程中人体主要肌肉表面肌电响应特性对自动武器设计和改进有何意义？

（3）影响人体表面肌电测试精度的因素有哪些？

7. 实验报告要求

（1）实验目的；

（2）实验内容；

（3）实验原理及方法（包括实验系统框图）；

（4）实验仪器设备与条件（包括仪器状况、环境温度、环境湿度）；

（5）实验步骤；

（6）实验结果记录、信息处理与分析；

（7）思考题；

（8）实验心得体会。

5.3.2　实验数据记录与分析示例

本次实验根据卧姿无依托射击某自动步枪时，上半身俯卧、双手持枪的特点，以上半身肌肉为研究对象进行测试，具体肌肉和部位如图5.3.5和表5.3.1所示。

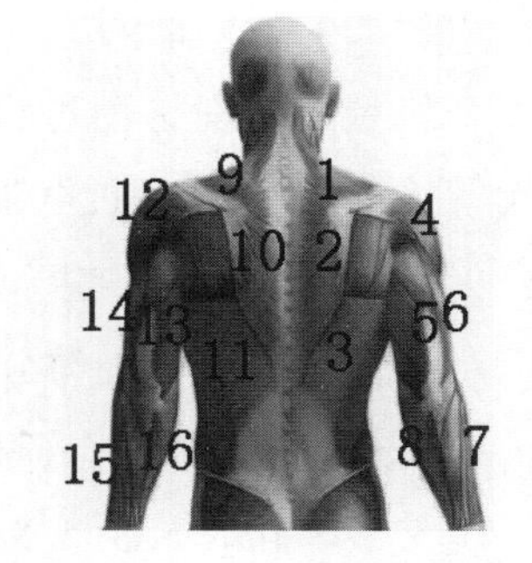

图5.3.5　测试肌肉位置图

表 5.3.1 测试肌肉部位

传感器编号	肌肉名称	身体部位	传感器编号	肌肉名称	身体部位
1	右斜方肌	右斜方肌中部	9	左斜方肌	左斜方肌中部
2	右菱形肌	右菱形肌中部	10	左菱形肌	左菱形肌中部
3	右背阔肌	右背阔肌中部	11	左背阔肌	左背阔肌中部
4	右三角肌	右三角肌中部	12	左三角肌中束	左三角肌中部
5	右肱三头肌	右肱三头肌长头	13	左肱三头肌	左肱三头肌长头
6	右肱二头肌	右肱二头肌长头	14	左肱二头肌	左肱二头肌长头
7	右肱桡肌	右肱桡肌肌腹	15	左肱桡肌	左肱桡肌肌腹
8	右尺侧腕屈肌	右尺侧腕屈肌肌腹	16	左尺侧腕屈肌	左尺侧腕屈肌肌腹

实验在室内靶道进行，无风，温度适宜，光线适宜。被试人员信息如表5.3.2所示。采用实验指导书中的实验步骤进行实验。

表 5.3.2 实验被试人员基本信息

被试者	身高/mm	体重/kg
1	170	65
2	175	75

由于射击过程中，瞄准阶段与射击阶段人体表面肌电特性差别加大，瞄准阶段的肌电特性对首发精度影响加大，射击阶段的肌电特性对操作性评价影响加大，因此对这两个阶段分别进行分析。由于瞄准阶段时间比较长，和值更能体现整个过程的肌电变化规律；射击阶段时间比较短且后坐力大，峰值更能体现肌电瞬态响应规律，因此瞄准阶段选择 iEMG 进行分析，射击阶段选择峰值进行分析。

对实验数据的记录与分析如下：

（1）瞄准阶段肌肉 iEMG 水平

表5.3.3和表5.3.4为被试者1瞄准时的上身左、右侧肌肉的积分肌电数据，图5.3.6为被试者1上身肌肉左、右侧对比情况。可知，被试者1瞄准时主要发力肌肉为肱二头肌、肱桡肌和尺侧腕屈肌。在主要发力肌群中，

右尺侧腕屈肌 > 左肱二头肌 > 右肱桡肌 > 左尺侧腕屈肌 > 左肱桡肌 > 右肱二头肌。上身左侧与右侧发力整体上无显著差异。

表 5.3.3 被试者 1 身体左半部分肌肉积分肌电值（iEMG）

单位：μV·s

级别	斜方肌	菱形肌	背阔肌	三角形中束	肱三头肌	肱二头肌	肱桡肌	尺侧腕屈肌
第一组	30.66	29.15	32.64	13.49	68.00	268.03	109.90	230.20
第二组	31.91	26.28	23.41	12.50	70.00	261.88	111.43	149.05
第三组	52.00	28.56	26.47	33.19	70.18	175.77	148.14	131.25
第四组	41.81	21.40	15.88	27.86	83.43	243.21	204.69	108.08
均值	39.0 ± 9.9	26.3 ± 3.5	24.6 ± 6.9	21.7 ± 10.3	72.9 ± 7.0	237.2 ± 42.0	143.5 ± 44.0	154.6 ± 53.0

表 5.3.4 被试者 1 身体右半部分肌肉积分肌电值（iEMG）

单位：μV·s

级别	斜方肌	菱形肌	背阔肌	三角形中束	肱三头肌	肱二头肌	肱桡肌	尺侧腕屈肌
第一组	29.3	23.7	15.6	34.8	74.1	110.1	158.3	214.5
第二组	57.8	42.0	11.6	30.2	68.2	84.6	163.8	193.8
第三组	60.6	39.3	25.1	72.4	36.3	108.5	167.9	303.9
第四组	109.8	20.3	26.1	55.9	36.8	88.2	149.8	289.6
均值	64.4 ± 33.4	31.4 ± 10.9	19.6 ± 7.1	48.4 ± 19.5	53.9 ± 20.1	97.8 ± 13.3	160.0 ± 7.8	250.5 ± 54.4

表 5.3.5 和表 5.3.6 为被试者 2 瞄准时的上身左、右侧肌肉积分肌电数据，图 5.3.7 为被试者 2 上身肌肉左、右侧对比情况。可知，被试者 2 瞄准时主要发力肌肉也为肱二头肌、肱桡肌和尺侧腕屈肌，其中左肱二头肌 > 左肱桡肌 > 右尺侧腕屈肌 > 右肱二头肌 > 左尺侧腕屈肌 > 右肱桡肌。上身左侧与右侧发力整体上无显著差异。

从被试者 1 和被试者 2 的结果来看，主要发力肌肉均为肱二头肌、肱桡肌和尺侧腕屈肌，这是由右手主要是把枪抬起来，左手让枪和人体肩部紧密接触导致的，但是他们的发力方式存在差异，最大发力肌肉不同。

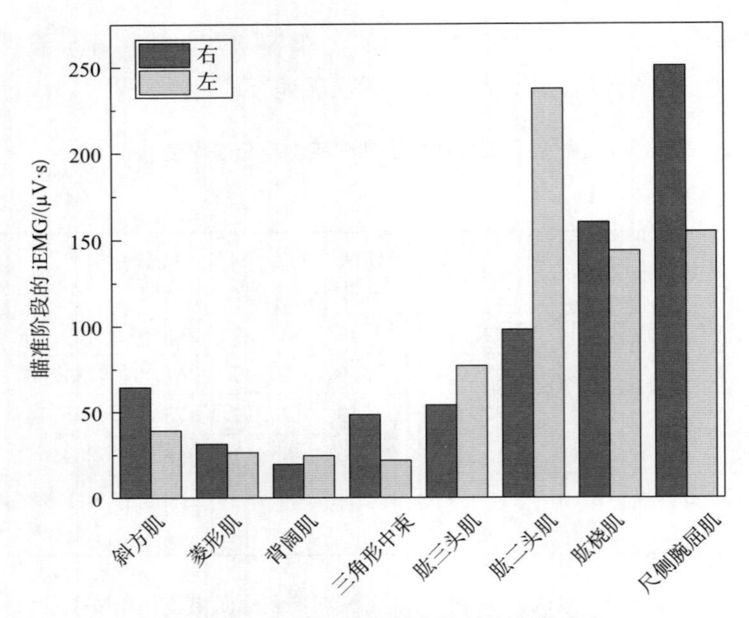

图 5.3.6　被试者 1 瞄准阶段各肌肉的响应

表 5.3.5　被试者 2 身体左半部分肌肉积分肌电值（iEMG）

单位：μV·s

级别	斜方肌	菱形肌	背阔肌	三角形中束	肱三头肌	肱二头肌	肱桡肌	尺侧腕屈肌
第一组	14.45	28.42	33.12	13.63	19.50	290.91	224.10	111.56
第二组	13.41	14.38	21.25	13.70	26.54	247.15	212.96	160.58
第三组	19.10	23.13	30.36	13.98	34.79	227.10	187.59	116.29
第四组	14.94	17.47	22.17	12.23	27.13	269.13	169.85	73.98
均值	15.4 ± 2.5	20.8 ± 6.2	26.7 ± 5.9	13.3 ± 0.7	26.9 ± 0.2	258.5 ± 27.5	198.6 ± 24.5	115.6 ± 35.4

表 5.3.6　被试者 2 身体右半部分肌肉积分肌电值（iEMG）

单位：μV·s

组别	斜方肌	菱形肌	背阔肌	三角形中束	肱三头肌	肱二头肌	肱桡肌	尺侧腕屈肌
第一组	107.86	20.28	16.30	24.37	30.06	166.68	115.07	267.02
第二组	102.60	18.29	15.51	16.13	29.36	124.20	106.12	84.81

续表

组别	斜方肌	菱形肌	背阔肌	三角形中束	肱三头肌	肱二头肌	肱桡肌	尺侧腕屈肌
第三组	102.80	19.58	16.79	16.94	29.86	102.95	116.75	208.04
第四组	75.25	18.83	25.73	14.87	29.21	96.29	118.20	63.44
均值	97.1 ± 14.7	19.2 ± 0.8	18.5 ± 4.8	18.0 ± 4.2	29.6 ± 0.4	122.5 ± 31.7	114.0 ± 5.4	155.8 ± 97.7

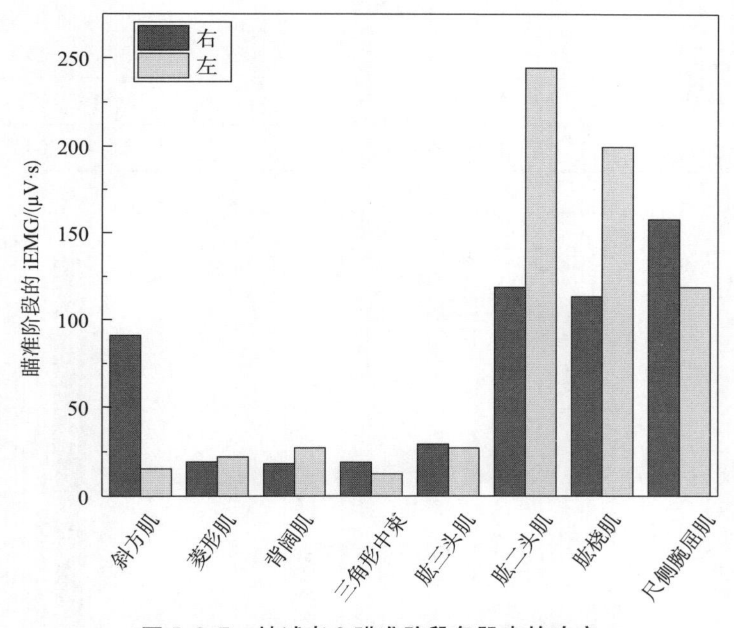

图5.3.7　被试者2瞄准阶段各肌肉的响应

（2）射击阶段肌肉肌电峰值

表5.3.7和图5.3.8为不同被试者射击时的各肌肉肌电峰值对比。由于射击时，右侧部位会受到较大的冲击，所以选择右侧的肌肉进行分析。可知，被试者1的主要发力肌肉为尺侧腕屈肌和肱三头肌，被试者2的主要发力肌肉为在尺侧腕屈肌和肱二头肌，不同被试者之间的肌肉峰值差异显著。

表 5.3.7　不同被试者射击时肌肉肌电峰值　　单位：μV·s

肌肉	被试者	
	1	2
斜方肌	312.5 ±169.7	636.2 ±402.1
菱形肌	110.4 ±103.9	40.6 ±14.1
背阔肌	64.4 ±31.3	229.5 ±233.1
三角形中束	82.7 ±22.2	57.5 ±20.9
肱三头肌	1 058.9 ±120.7	118.6 ±28.1
肱二头肌	187.7 ±58.5	643.0 ±215.9
肱桡肌	279.4 ±50.6	455.1 ±98.3
尺侧腕屈肌	1 623.6 ±502.9	1 140.3 ±404.7

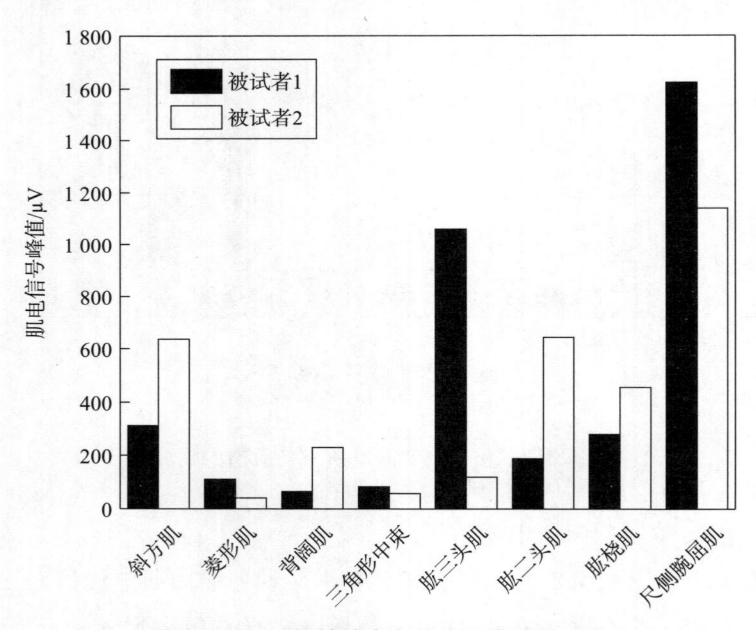

图 5.3.8　不同被试者各肌肉肌电峰值对比

（3）肌肉积分肌电值对最大枪口俯仰角的影响

对瞄准阶段各肌肉积分肌电值对枪口最大俯仰角的影响程度进行分析。表 5.3.8 为肌肉积分肌电与最大枪口俯仰角相关性分析数据。其中相关性系数（r）的绝对值低于 0.3 的为不相关，$0.3 \leqslant r < 0.5$ 为低度相关，$0.5 \leqslant$

$r<0.8$ 为中度相关，$0.8\leq r<1$ 为高度相关。可以看出，右斜方肌、右背阔肌、右肱二头肌、右尺侧腕屈肌、左菱形肌、左背阔肌、左肱二头肌和左尺侧腕屈肌与最大枪口俯仰角无关；右菱形肌、右三角肌、左三角肌、左肱三头肌、左肱桡肌与最大枪口俯仰角呈低度相关；右肱三头肌、右肱桡肌、左斜方肌与最大枪口俯仰角呈中度相关。

表 5.3.8　瞄准时肌肉的积分肌电与最大枪口俯仰角的相关性

肌肉名称	r	p	肌肉名称	r	p
右斜方肌	0.18	0.22	左斜方肌	−0.52	<0.01**
右菱形肌	−0.37	<0.05*	左菱形肌	0.05	0.73
右背阔肌	−0.01	0.90	左背阔肌	0.29	0.05
右三角肌	−0.35	<0.05*	左三角肌	−0.30	<0.05*
右肱三头肌	−0.54	<0.01**	左肱三头肌	−0.34	<0.05*
右肱二头肌	0.13	0.39	左肱二头肌	−0.10	0.50
右肱桡肌	−0.60	<0.01**	左肱桡肌	0.40	<0.01**
右尺侧腕屈肌	−0.23	0.17	左尺侧腕屈肌	−0.07	0.65

从 p 值上看，具有显著相关性的肌肉中，右菱形肌、右三角肌、右肱三头肌、右肱桡肌、左斜方肌、左三角肌、左肱三头肌均与最大枪口俯仰角呈负相关，说明这些肌肉在瞄准时的积分肌电越大，最大枪口俯仰角越小；其中左肱桡肌与最大枪口俯仰角呈正相关，说明瞄准时，左肱桡肌积分肌电越大，枪口俯仰角越大。

5.4　卧姿射击人枪相互作用力测试实验

5.4.1　实验指导书

1. 实验目的

（1）了解柔性压力测试的基本原理；

（2）掌握射击过程中人体与枪械主要接触部位（抵肩、握把、护木、贴腮）接触力数据采集与分析方法；

（3）能够结合测试结果对卧姿射击过程中人枪主要接触部位压力分布

规律进行分析。

2. 实验内容

本实验采用 MFF 多点薄膜柔性压力测试系统获取某自动步枪卧姿射击过程中人枪主要接触部位（抵肩、握把、护木、贴腮）压力数据，分析得到人枪主要接触部位压力分布规律。

3. 实验原理及方法

柔性压力传感器按照工作原理可分为：柔性电阻式传感器、柔性压电式传感器、柔性电容式传感器、柔性场效应晶体传感器，本实验采用柔性电阻式传感器。

柔性电阻式传感器是将待测量转化为电阻信号的柔性传感器。作用在传感器上的压力变化时，传感器受力点处会受到压力的挤压产生轴向变形，从而使导电电子密度增大，电阻率减小，电阻值与电阻率呈反比，电阻值会发生线性变化，通过捕捉电流变化来显示压力的变化。

电阻与传感器受力点处线应变关系如下式：

$$\frac{\Delta R}{R}=[(1+2\mu)+\pi E]\varepsilon \tag{5.4.1}$$

式中，ε 为线应变；E 为材料的弹性模量；μ 为泊松比；R 为某一传感点处没有受到负荷时的电阻值。由弹性体的外力与线应变的关系可知：

$$\varepsilon=\frac{F}{EA} \tag{5.4.2}$$

式中，A 为传感点处横截面积；F 为传感点处轴向作用力。因此，轴向外力 F 的值与传感器接触点处阻值的变化量 ΔR 的关系式如下式所示：

$$\frac{\Delta R}{R}=[(1+2\mu)+\pi E]\frac{F}{EA} \tag{5.4.3}$$

那么待测压力为

$$F=\frac{\Delta R}{R}\frac{EA}{(1+2\mu)+\pi E} \tag{5.4.4}$$

射手手持步枪射击时，枪械握把与右手接触，护木与左手接触，枪托与肩部接触，脸颊和枪托尾端接触。正常情况下，左右手和脸颊的接触是皮肤与枪直接接触，肩部接触有衣服缓冲。由于人枪接触部位具有柔软、受力变形大、受力分布不均匀等特点，所以本实验采用 MFF 多点薄膜柔性压力测试系统。该系统所配备的柔性压力薄膜传感器轻薄、可弯曲、具有一定的延展性，传感器型号为201 型，厚度为0. 2 mm，直径为9. 5 mm，不会对被试者造成明显的干扰，操作便捷，不需要对枪械进行改造，方便安装和拆卸。

实验设备由 2 台数据采集模块、16 个薄膜压力传感器组成，如图 5. 4. 1 所示。由于射击过程是在 100 ms 完成的瞬态过程，特别是扣动扳机后枪械火药气体的作用时间在 2 ms 内，因此，本章采用的采样频率为 50 000 Hz。针对人体与枪械接触部位受力大小的不同，采用了三种量程的传感器，分别为 4. 4 N（小量程）、110 N（中量程）和 440 N（大量程）。

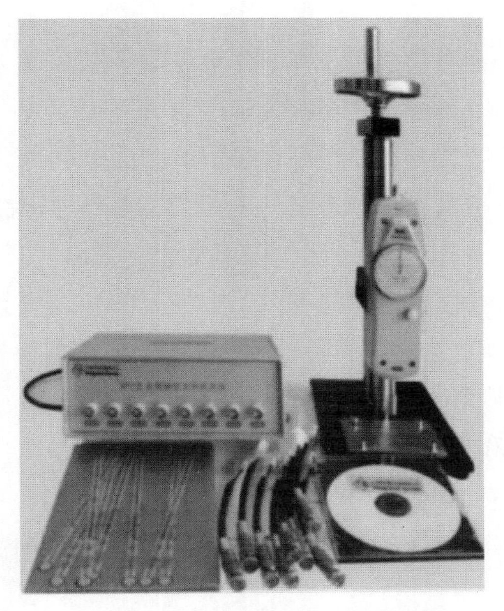

图 5. 4. 1　MFF 多点薄膜柔性压力测试系统

4. 实验仪器设备

（1）实验用枪：某型自动步枪；

（2）实验用弹：5. 8 mm 普通弹；

（3）MFF 多点薄膜柔性压力测试系统；

（4）其他器材：胶布、酒精、胸环靶等。

5. 实验步骤

（1）安装 MFF 多点薄膜柔性压力测试系统，将表面肌电测试系统各传感器通道与采集设备正确紧密连接，并将采集设备与测试计算机 USB 连接端口正确连接，启动柔性压力测试软件，检查测试系统是否正常工作；

（2）在实验之前，将拟测试物体接触表面使用酒精擦拭干净，避免小颗粒附着影响测量精度，以保证压力电压有效地被采集，必须注意的是，传感器必须紧密贴合在物体表面，以防止传感器单元在采集过程中与物体表面发生位置偏移；

（3）在 10 m 处距离立胸环靶，靶面垂直竖立且基本垂直射向；

（4）请受试者熟练掌握实验步骤，避免出现测试过程不熟练、握持动作不规范等问题；

（5）记录环境条件、射手身高、体重等基本信息；

（6）弹匣内装 5 发弹，快慢机置于“单发”；

（7）射手卧姿自由持枪，俯卧在保护垫上；

（8）实验操作人员发出“准备”指令后，射手进行首发装填；

（9）实验操作人员操作软件开始记录数据，发出“开始”指令后，射手进行瞄准及 5 发点射射击，测试过程中，软件会实时记录并显示接触压力数据；

（10）射击结束，射手保持持枪姿势不动，听到实验操作人员发出“结束”指令后，回到原位；

（11）实验操作人员保存并记录该组实验数据；

（12）射手休息 10 min，重复 5 次；

（13）使用软件进行特征提取、信号预处理并分析测试结果。

6. 思考题

（1）根据柔性压力实验数据分析卧姿射击过程中人枪主要接触部位压力分布规律。

（2）研究射击过程中人枪主要接触部位压力分布规律对自动武器设计和改进有何意义？

（3）影响人枪主要接触部位压力测试精度的因素有哪些？

7. 实验报告要求

（1）实验目的；

（2）实验内容；

(3) 实验原理及方法（包括实验系统框图）；

(4) 实验仪器设备与条件（包括仪器状况、环境温度、环境湿度）；

(5) 实验步骤；

(6) 实验结果记录、信息处理与分析；

(7) 思考题；

(8) 实验心得体会。

5.4.2　实验数据记录与分析示例

本实验以某自动步枪为研究对象，根据人体与枪械各接触位置和接触面积的大小对柔性压力传感器进行分配，抵肩部位：10 个中量程传感器，握把位置：2 个中量程传感器，护木位置：2 个小量程传感器，贴腮位置：2 个小量程传感器，具体位置如图 5.4.2 所示。

(a)　(b)　(c)　(d)

图 5.4.2　多点薄膜传感器位置分布

(a) 握把；(b) 肩托；(c) 护木；(d) 贴腮

实验在室内靶道进行，无风，温度适宜，光线适宜，无噪声影响。被试人员采用实验指导书中的实验步骤进行实验。

对实验数据的记录与分析如下：

图 5.4.3、图 5.4.4、图 5.4.5 和图 5.4.6 分别为卧姿射击过程中肩部接触、握把接触、护木接触以及贴腮接触的受力结果。

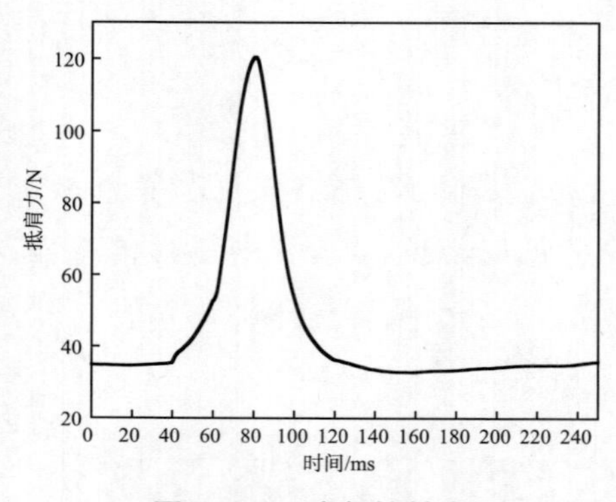

图 5.4.3　肩部接触力

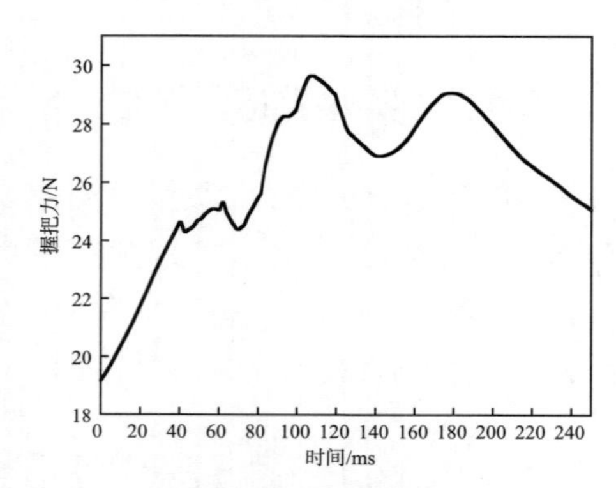

图 5.4.4　握把接触力

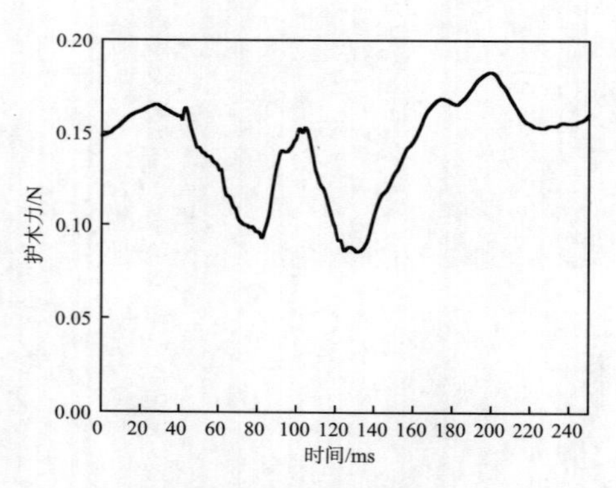

图 5.4.5　护木接触力

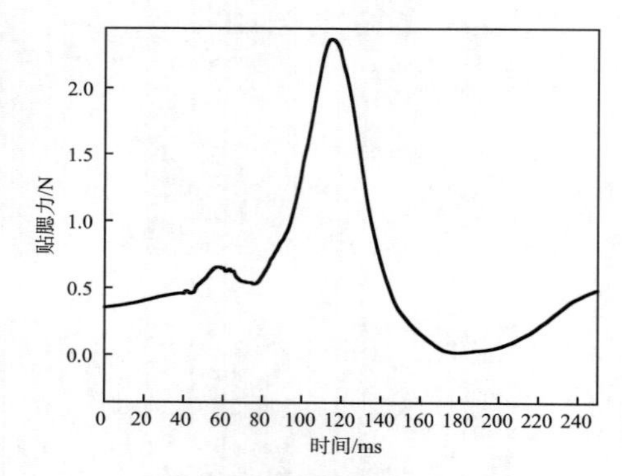

图 5.4.6　贴腮接触力

肩部接触力在射击过程中有 1 个波峰，接触力在 80 ms 左右达到最大，为 120 N 左右，随后压力衰减至水平位置，整个力值作用时间约为 80 ms。

握把接触力在 0 ~ 40 ms 时逐渐增大，在 40 ~ 60 ms 过程中有一个平稳受力阶段，约为 24 N。随后在 110 ms 左右达到最大值，约为 30 N，相对于肩部接触力要略微滞后。

护木力在射击过程中相对于初始值有下降的趋势，整个过程存在两个波谷，第一个在 80 ms 左右，第二个在 130 ms 左右，两个波谷的力值差异不大。

贴腮力在射击过程中有两个波峰，第一个在 60 ms 左右，第二个在 110 ms 左右。第一个波峰并不明显，只是一个微小的突变，到 80 ms 左右急剧上升，最大力值在 2 N 左右。

从整个力的变化过程中可以看出，0 ~ 40 ms 过程中，是射手握紧握把，准备扣扳机阶段。40 ~ 80 ms 过程中，自动机开始后坐运动，抵肩力急剧上升，握把力稳定不变，护木力减小，贴腮力先增大后减小。80 ~ 120 ms 过程中，自动机开始复进运动，抵肩力下降，握把力上升，护木力先上升后下降，贴腮力上升。从时间响应角度可以看出，卧姿射击过程中，抵肩、护木、贴腮先响应，握把随后开始响应。

图 5. 4. 7 和表 5. 4. 1 为四个表面接触力规律对比。由图可知，整个射击过程中，抵肩力 > 握把力 > 贴腮力 > 护木力。从各接触部位冲量受力分布来看，抵肩力冲量占后坐力总冲量的 47. 2%，握把力冲量占 51. 5%，贴腮力冲量占 1. 0%，护木力冲量占 0. 3%。从响应时间上看，抵肩力响应约 80 ms，握把力响应约 210 ms，贴腮力响应约 100 ms，护木力响应约 180 ms，

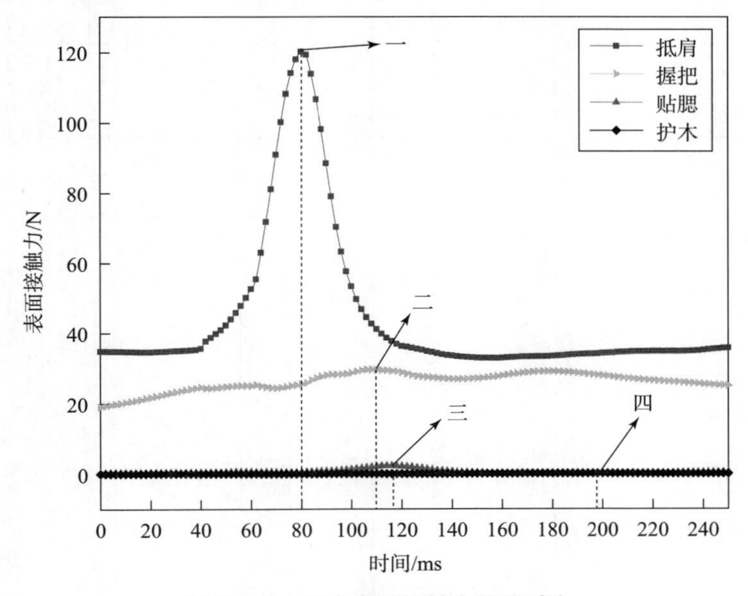

图 5. 4. 7　四个表面接触力差异对比

其中握把力响应时间最长。

表 5.4.1　四个表面接触力分布情况

变量	抵肩	握把	贴腮	护木
后坐冲量/(N·ms)	5 195.6	5 672.1	113.0	24.5
冲量占比/%	47.2	51.5	1.0	0.3

表 5.4.2 为各时间点峰值力占比情况，四个时间点的占比均为抵肩力最大。从时间点的递进过程上看，抵肩力的占比逐渐减小，握把力逐渐增大，贴腮力先增大后减小，护木力先增大，再减小，再增大。

表 5.4.2　各时间点峰值力占比情况

时间点	抵肩	握把	贴腮	护木
一/N	120.5	25.6	0	0
占比/%	82.5	17.5	0	0
二/N	41.6	29.5	2.2	0.1
占比/%	56.6	40.1	3.0	0.3
三/N	37.6	29.2	2.3	0.1
占比/%	54.3	42.2	3.3	0.2
四/N	34.2	28.0	0	0.2
占比/%	54.8	44.9	0	0.3

参 考 文 献

[1] 柳光辽．自动武器测试技术［M］．南京：华东工学院，1985.

[2] 孔德仁．兵器动态参量测试技术［M］．北京：北京理工大学出版社，2013.

[3] 原所佳．物理实验教程［M］．4 版．北京：国防工业出版社，2015.

[4] 孙秀平．大学物理实验教程［M］．2 版．北京：北京理工大学出版社，2015.

[5] 王晓俊．检测技术实验教程［M］．北京：清华大学出版社，2016.

[6] 欧阳宏志．电工电子实验指导教程［M］．2 版．西安：西安电子科技大学出版社，2021.

[7] 国防科学技术工业委员会司令部．枪械性能试验方法：GJB 3484—98［S］．北京：总装备部军标出版发行部，1998.

[8] 中国人民解放军总装备部司令部．枪械动态参数测试规程：GJB 4389A—2014［S］．北京：总装备部军标出版发行部，2014.

[9] 刘恒沙，王亚平，徐诚．典型通用机枪枪口振动响应非接触测试及分析［J］．振动、测试与诊断，2021，41（3）：7.

[10] 韩祥．某通用机枪在不同土壤上的振动特性研究［D］．南京：南京理工大学，2021.

[11] 黄珊．轻武器典型杀伤效应测试与分析研究［D］．南京：南京理工大学，2017.

[12] 王琳淇．手枪弹对软防护后不同模拟靶标的钝击效应研究［D］．南京：南京理工大学，2023.

[13] 杨洋. 单兵-装备人机工效试验与数值仿真研究 [D]. 南京：南京理工大学，2016.

[14] 程勇. 卧姿射击人枪相互作用特性研究 [D]. 南京：南京理工大学，2021.